PARADIGMA DEL ABONADO DEL OLIVAR EN RIEGO POR GOTEO

ExLibric

JOSÉ LUIS SÁNCHEZ-GARRIDO Y REYES
PABLO RAMOS PEDREGOSA

PARADIGMA DEL ABONADO
DEL OLIVAR EN RIEGO POR GOTEO

EXLIBRIC

ANTEQUERA 2025

PARADIGMA DEL ABONADO DEL OLIVAR EN RIEGO POR GOTEO
© José Luis Sánchez-Garrido y Reyes / Pablo Ramos Pedregosa
Diseño de portada: Dpto. de Diseño Gráfico Exlibric

Iª edición

© ExLibric, 2025.

Editado por: ExLibric
c/ Cueva de Viera, 2, Local 3
Centro Negocios CADI
29200 Antequera (Málaga)
Teléfono: 952 70 60 04
Fax: 952 84 55 03
Correo electrónico: exlibric@exlibric.com
Internet: www.exlibric.com

ISBN: 979-13-87944-06-3
Depósito Legal: MA 1090-2025

Impresión: PODiPrint
Impreso en Andalucía – España

Nota de la editorial: ExLibric pertenece a Innovación y Cualificación S. L.

PARADIGMA DEL ABONADO
DEL OLIVAR EN RIEGO POR GOTEO

(Un avance imperioso puesto al día en 2025)

JOSÉ LUIS SÁNCHEZ-GARRIDO Y REYES
PABLO RAMOS PEDREGOSA

ESPAÑA

Paradigma: ¿qué significa?
(extraído de Google)

Nombre masculino

Ejemplo o ejemplar
Prototipo
Modelo
Arquetipo
Ejemplo
Ejemplar
Muestra
Pauta
Canon

Teoría o conjunto de teorías cuyo núcleo central se acepta sin cuestionar y que suministra la base y modelo para resolver problemas y avanzar en el conocimiento.

En nuestro país, como nos recordaba Mariano José de Larra (1809-1837), «es más fácil negar las cosas que enterarse de ellas».

Índice

1. Nota preliminar

El mundo del olivar está evolucionando de forma muy rápida en España, fundamentalmente en lo que va de siglo, con avances antes impensables.

Este progreso es en muy variados aspectos y se centra en alta medida en Andalucía, donde tenemos el 60 % del olivar de nuestra nación, que es España.

Tenemos por ejemplo últimamente como la falta de mano de obra agrícola, tema muy preocupante, ha traído como consecuencia una rápida y enorme mecanización diríamos que sorprendente en un tiempo muy breve.

Al hilo de esta, se ha provocado una adecuación del cultivo a la misma mediante una renovación del olivar, hacia plantaciones de más alta densidad de árboles y mecanizable en muchos sitios donde es posible ello.

Por olivar tradicional se entiende aquel que, por su orografía, por la inclinación del terreno, impide su mecanización y por su dificultad y bajo rendimiento, no se ha renovado ni merece la pena ello. La subsistencia de este es muy difícil a no ser con subvenciones, para no causar despoblación en las pequeñas localidades.

Tenemos en Andalucía, un problema climático muy destacable ya que, a las ya escasas lluvias tradicionales, le han sucedido años de sequía cada vez más intensos desde 1992, el año de la Expo Mundial de Sevilla y las Olimpiadas de Barcelona, donde no llovió durante todo el año ni una gota y a la vista del aumento de los Gases de Efecto Invernadero que, a pesar de los esfuerzos en energías renovables, lo cierto es que el consumo de energías fósiles va en aumento galopante y preocupante.

En un contexto de cambio climático, cada vez encontramos un mayor número de días con temperaturas por encima de los 40 grados, lo que agudiza la sequía por un aumento de la evapo-transpiración en la superficie del agua, del suelo, la vegetación y los cultivos, causado por el aumento de las temperaturas.

Cada vez sufrimos más sequía y más largas. Las sequías siempre han existido en nuestro país, pero también confirmamos que cada vez son más extremas y frecuentes.

Desde 2019, hemos tenido más años secos que húmedos, estamos ante una sequía «más larga de lo normal». La sequía meteorológica se ha instalado en nuestro país y todos los análisis indican que llueve menos que antes.

Cada vez disponemos de menos recursos hídricos para sostener la demanda de agua del sistema agrícola industrial.

Análisis histórico:

- 2017: En el otoño de 2017 saltaban las alarmas ante la falta de precipitaciones y la reducción del agua de los embalses, a pesar de la precipitación cercana a la media en los cuatro años anteriores
- 2005-2009: En diciembre de 2009 terminaba una gran sequía que duró cuatro años. Una consecuencia de ese período fue que se secaron completamente las Tablas de Daimiel, un humedal de casi 2.000 ha que es Parque

Nacional y que sufrió un grave incendio de la turba del subsuelo, ocasionando importantes daños ecológicos.

- 1991-1995: A principios de los años 90 sufrimos una gran sequía. Los embalses se quedaron al 15 %, las reservas de los acuíferos descendieron y hubo cortes de agua.
- 1979-1983: Otra gran sequía. En ese momento, la parte más afectada de España fue la del Este. Ciudades como Sevilla tuvieron que cortar el agua varias horas al día.
- 1944-1946: La otra gran sequía en España en el siglo XX. Alrededor de dos años duró otra de las peores sequías que se recuerdan. Nuestros ríos más caudalosos, como el Ebro, perdieron prácticamente la totalidad de su caudal y en Madrid el río Manzanares desapareció completamente, provocando cortes de agua diarios en la capital. Durante esta gran sequía los embalses llegaron a bajar hasta el 14 %.
- 1749-1753: La primera vez que hubo registros de una gran sequía en España fue de 1749 a 1753. Afectó a la mitad septentrional de España, que por lo general es la más húmeda. Podemos leer que durante ese período se secó el río Tormes.

Esta falta de agua conlleva de forma clara a los riegos localizados, es decir, por goteo, en sustitución de otros de más consumo. Sorprendiendo a propios y extraños, el cultivo del olivar superintensivo, se ha pasado de pensar que ello era una barbaridad a que ahora el sector piensa que es la solución clara del futuro.

Queda un problema enorme en Andalucía por resolver: la infraestructura necesaria para una utilización máxima de los recursos hídricos.

Pero en todos estos cambios (salvo el del agua, que es un tema que se sale del agricultor y tiene que resolver la Administración), hay uno que sorprendentemente no se ha acometido y, en los casos que se ha hecho, ha sido <u>de forma esporádica, incorrecta y lamentable, que es la fertirrigación, es decir, el abonado del olivar de riego</u>, donde nos encontramos en pañales.

Una asignatura pendiente que, de resolverse de forma racional, supondría el aumento de la producción en Andalucía de al menos 200.000 Toneladas de aceite; tal es su importancia. Con el consiguiente aumento de rentabilidad para el agricultor y con el aumento del PIB de Andalucía, que tanta falta nos hace.

Pero esto no es tarea fácil, no es decir, «la campaña próxima empezamos y ya está». El tema es mucho más profundo.

Nosotros, los redactores de este libro, lo tenemos clarísimo, no porque seamos unos iluminados, sino porque siempre nos hemos dedicado a ello, pero no desde un punto de vista de verlo pasar, sino ahondando e investigando de forma continua y desde hace muchos años en esta cuestión, donde siempre hemos tenido la impresión de estar casi solos en el asunto referenciado en un desierto, o en una selva llena de problemas y sintiéndonos un tanto impotentes y desde luego haciendo todo lo posible en este campo donde «tan pocos brotes verdes hemos visto».

Y ahora, con tantos años al respecto a nuestras espaldas de experiencia consolidada, nos atrevemos a hacerlo constar de nuevo en este libro, como un llamamiento a la razón. Para arrojar algo de claridad sobre un tema en el que existen opiniones muy diferentes, se suele decir que «cada maestrillo tiene su librillo» o que «cada agricultor sabe lo que hace». Sin embargo, esto no es cierto, ya que muchos no tienen la formación adecuada. Lo realmente lamentable es la falta de técnicos capacitados, ya que en las universidades este tema no se estudia a fondo o se trata de manera superficial. Como resultado, los técnicos que se encuentran en el campo basan sus conclusiones en opiniones personales, sin una base común y racional que sirva de guía para la mayoría de los agricultores, quienes tampoco tienen claro un enfoque único y fundamentado.

Sabemos, evidentemente, que no lo vamos a conseguir, pero ello no nos desalienta y pensamos que cumplimos con nuestra responsabilidad técnica y cívica de manifestarlo por lo menos para decir cuál es el camino correcto, aunque no se nos haga caso, cada uno con sus razones en un mundo libre donde todo es opinable, pero hay razones técnicas, razones científicas, claras, que el técnico y el agricultor deben tener presente y que nosotros, no por ser más listos que nadie, que evidentemente no lo somos, sino por nuestros estudios, experiencia de muchos años y trabajo, nos sentimos realmente respaldados y es lo que vamos a señalar en este libro, de forma coloquial, accesible, para que se nos entienda.

Además, ocurre que, en este campo, quizá haya más «gurús» que en ningún otro de forma continua con respaldo técnico que los hace un tanto infalibles para los demás, donde se exponen criterios en muchos casos aberrantes y esotéricos, que hemos vivido y, diríamos más bien, sufrido en nuestras mentes profesionales los autores de este libro.

Bueno este libro es nuestro legado en este importante tema, nada más.

2. El olivar de riego en España

El olivar acaparó en Andalucía en 2024 un total de 1.701.791 hectáreas según la Encuesta sobre Superficies y Rendimientos de Cultivos en España (Esyrce) elaborada por el Ministerio de Agricultura, Pesca y Alimentación. Impresionante superficie. Increíble extensión es Andalucía, la región con más olivos del mundo, nuestro referente, nuestra identidad, con numerosas nuevas plantaciones.

En concreto, en la comunidad Andaluza, se concentra el 60,2 % de la superficie nacional destinada al olivar, que ronda las 2.827.148 hectáreas.

A modo de resumen, la distribución de olivar por comunidades autónomas se concentra sobre todo en el sur de la península.

De modo que, tras el liderazgo de Andalucía, le siguen en importancia Castilla-La Mancha (16.3 %) y Extremadura (10,6 %). El resto de las comunidades autónomas suman el 12.9 % de la superficie nacional de olivar.

El 37,5 % de la superficie agrícola de Andalucía es olivar, lo cual es impactante el predominio de este cultivo. Atención, esta cifra es para reflexionar por su enorme importancia, que afecta a todos los aspectos de la actividad humana andaluza.

No hay otra actividad rural en Andalucía que genere más desarrollo económico ni que fije más la población al territorio que el cultivo del olivar y sus industrias agroalimentarias derivadas. ¡Qué sería de Andalucía sin olivar!

El olivo es uno de los motores económicos más destacables de esta comunidad y sobre todo del medio rural andaluz. Es decir, si la situación de este fuera caótica, no queremos ni pensar que ocurriría con la población rural y de la economía andaluza. Estamos enormemente vinculados al olivo.

Las provincias con mayor proporción de olivar respecto al total de su superficie son Jaén y Córdoba con el 44 % y el 27 % respectivamente. No obstante, en Granada, Málaga y Sevilla más del 16 % de su superficie en cada provincia es olivar. La superficie de Jaén dedicada al olivo es tremenda, 594.356 Ha, una barbaridad, el 21 % de la superficie total de olivar en España.

Según los datos de 2024 del Ministerio de Agricultura, el olivar de secano en Andalucía ocupa 1.035.296 hectáreas, mientras que el olivar de regadío es 666.495 hectáreas, es decir, que prácticamente el 60 % del olivar andaluz es de secano y el 40 % de regadío. Evidentemente hablamos de riego cuando llueve y hay agua almacenada, sino es así el riego por goteo es en la práctica otro secano.

En nuestra clara opinión, aunque el riego por goteo representa un gran aprovechamiento del agua, estamos convencidos de que el moderno «sistema de riego subterráneo por goteo, también llamado riego enterrado», que aún es poco común, tendrá un futuro brillante. Este sistema ya permite un uso de agua aún más eficiente, algo difícil de imaginar en otras modalidades. Aunque se le señala como un inconveniente el hecho de que, al estar bajo tierra los goteros no son visibles y los atascos no puedan solucionarse, esto es falso existe la tecnología que ya ha resuelto este problema. Así, el temor que genera la falta de visibilidad fue superado gracias a estos avances.

Foto 2.1. Instalación de riego subterráneo en olivar recién plantado.
Fuente: https://www.miagronomo.es/p/riego-por-goteo-subterraneo.html

Hace pocos años se pensaba que el olivar intensivo era una barbaridad y el superintensivo una monstruosidad sin sentido. Y ya vemos lo que está ocurriendo en la actualidad, que es todo lo contrario.

Con tres años de bajas cosechas el agricultor está sumamente arruinado, salvo los que han tenido la suerte de tener agua.

Pero, de toda la enorme extensión comentada hay que tener en cuenta que, en años normales, casi un millón de hectáreas no alcanzan los 3.000 kilos/hectárea de producción media de aceituna y hay cientos de miles de hectáreas que se encuentran ubicadas en zonas en las que su orografía hace imposible la mecanización, factor limitante de la rentabilidad.

Por otro lado, tenemos los cambios acelerados derivados de las normativas del cambio climático de la Unión Europea, que afectan de forma muy particular o «singular» a Andalucía. Nuestro clima Mediterráneo-Africano, no tiene nada que ver con el clima continental de la inmensa mayoría de Europa, nuestro clima es Africano. El mantener la población en pueblos se ve cada día mucho más problemático. Ya estamos viendo la despoblación acelerada de muchos pueblos.

La Esyrce 2023 aborda la distribución del olivar según los estados de posibles cosechas, englobándolos en cinco categorías:

- Producción
- Primer año
- Joven
- No comercial
- Abandonado

Para el total nacional destacamos:

- 22.813 hectáreas son olivos de primer año
- 150.726 hectáreas se consideran olivar joven

Son muy importantes estas dos cifras que suman 173.539 hectáreas, consecuencia de ello va a traer consigo un aumento de la producción de aceite a corto plazo; seguramente no tardaremos mucho en alcanzar una producción nacional de 2 millones de toneladas de aceite; es cosa de muy pocos años.

La tendencia evidentemente es a una disminución de costes, lo que implica lógicamente una mecanización total, buscando la mayor rentabilidad, ello está haciendo que las hectáreas de olivar en superintensivo crezca a ritmo muy grande, ¡incluso en secano!

El olivar tradicional, en terrenos de cierta pendiente no mecanizable, su futuro será como ecológico y necesitará subvención para no producir abandono. Su futuro es muy problemático y habrá muchos abandonos.

El coste de un kilo de aceituna de olivar de secano en cultivo no mecanizable, es un 35 % más alto que el mecanizable. Cifra para reflexionar e ir sacando conclusiones.

El olivar en seto o superintensivo puede tener un costo de la mitad de la aceituna del olivar de secano mecanizable.

¿Es posible convivir en un mercado los productores con estas diferencias de costo? -nos preguntamos-. Nos gustaría que ustedes nos contestaran.

Creemos que se darán paños calientes unos años para evitar la muerte súbita de los de costos altos, pero se le ve un futuro bastante negro, ello ocurre siempre en todas las cosas.

En toda actividad se busca por lo general la mayor rentabilidad que la tecnología le permite y cada empresario agricultor debe ver como disminuir los costos. En un mundo como el actual, la tierra la cultivan las máquinas y el agricultor se ha reconvertido en empresario. Un empresario que tiene una fábrica que es la agricultura, que en definitiva es un medio de producción.

Cada día el sector primario y el secundario se acercan más en sus sistemas, es decir, la agricultura y la industria. Esto es así, sin duda, se vislumbraba hace años, pero como tema un tanto utópico o muy lejano, hoy es una realidad en muchos casos y en otros un proceso galopante hacia ello.

El alto volumen productivo (cuando haya agua) originará un problema grave a la hora de la venta de aceite que, a precios bajos, que es lo que ocurre cuando la oferta es mayor a la demanda, este problema de precios bajos será irresistible para los que tienen costos altos.

Con competencia en los aceites, el superintensivo es el primero en tener una rentabilidad aceptable, por menores costes por kilo producido.

Con el olivar intensivo y superintensivo se han roto totalmente los equilibrios de costo, lo vamos a ver muy pronto.

El olivar superintensivo es el preferido en las plantaciones modernas, obviamente, por el alto grado de mecanización del cultivo y menos costo por kilo de aceite, a pesar de que la inversión para realizar la plantación es mucho más importante. De ser el más interesante ya nadie duda, ni cuestiona, cosa que no ocurría en absoluto hace varios años, no muchos.

Se considera olivar superintensivo aquel que supera los 1.000 árboles por hectárea. Los marcos más utilizados son los, 3,5 x 1,35 metros y 4 x 1,5 metros; en fin, se alcanzan hasta 3.000 árboles por hectárea.

La mecanización de la recolección es en definitiva una adaptación o variante a la maquinaria de recolección de la uva, es decir, de la vendimia.

Aparte de ello de forma sorprendente, está emergiendo el olivar superintensivo de secano, siempre se pensaba que era solo posible en riego y que puede producir en torno a los 6.000 kg/hectárea de aceituna, mientras que si es de regadío puede superar los 12.000 kg/hectárea, siempre que se dispongan de recursos de agua suficientes en la zona.

Un ejemplo de esta importancia que está tomando el superintensivo en secano lo tenemos en Jerez de la Frontera (Cádiz), en tierras «albarizas», que se llaman así por su color un tanto albino, tierras claras o casi blancas, el color se lo da el alto contenido en caliza. Estos terrenos son frescos, retienen bien el agua en comparación con otros y son apropiados para la viña y el olivar; si pudieran tener algo de agua, su producción aumentaría de forma espectacular obviamente.

El olivo sin agua no puede producir; si no dispone de una lluvia medio normal en su desarrollo vegetativo. El aumento del riego por goteo es fundamental para alcanzar mejores producciones.

Sobre los precios del aceite -me comenta mi buen amigo Antonio Jiménez Pinzón, olivarero ejemplar, ante los injustos comentarios:

«No hay especulación porque en las bodegas no hay aceite —indica el mismo—. Un litro de aceite de oliva virgen extra a una familia normal puede durarle una semana, por lo que el precio desorbitado puede ser de 60 euros al mes y es un producto básico para la salud y la alimentación. Con las bajas producciones, las reservas económicas de los agricultores se han consumido y, por lo general, se encuentran con graves problemas económicos, mientras ven, oyen y lee como si se estuviesen llenando los bolsillos, cuando están bastante mal, hay una mala información, realmente escandalosa».

«Y se hacen chistes continuamente: en prensa, redes sociales, televisión, etc., como si se estuviese aprovechando el agricultor, el cual lo sufre en consecuencia doblemente, por este motivo».

Andalucía es la región de España y del mundo que más aceite de oliva produce y por tanto la que más sufre y con mucho de esta situación. La debacle ha venido y hace estragos en los agricultores y a los que directamente están vinculados a ellos como proveedores de maquinaria, fertilizantes, etc., cuyas ventas han caído en vertical; mucha menos contratación de personal por supuesto, en fin, una hecatombe.

El mercado no sabe bien lo que ocurre y piensa libremente cosas peregrinas opuestas y sin fundamento, guiados por redes sociales, donde se opina sin base alguna por lo general.

Esto tiene sus excepciones, como todo, la empresa privada que tenga stock en época de subidas, pues le toca la lotería, pero atención cuando baje el precio, los que habitualmente tienen stock, tendrán unas pérdidas económicas superiores a las que haya tenido de ganancias con la subida. Ocurre ello en todos los productos.

Hay un problema de fondo, está claro que, con la subida de precio, las familias han tomado medidas para consumir el mínimo posible. Pero atención, esto no es en España, la subida es a nivel internacional, el precio se ha elevado mucho en todos los países y la tendencia a no consumir sustituyendo por otros aceites o grasas ha aumentado a nivel mundial, es decir, el mercado internacional no ha subido, ha bajado.

Leemos continuamente que los consumidores de aceite son fieles y que el consumo no bajará; pero no es así, la fidelidad en estos temas no existe, con los precios altos el volumen baja, y cuando los precios bajan, como ya el mercado se ha habituado a un consumo más bajo, pues no vuelve a subir el consumo, se ha cambiado de hábito sencillamente.

Como además hay muy poco aceite, pues evidentemente las exportaciones han tenido que bajar y conduce a no preocuparnos del mercado exterior: ¿para qué si no tenemos producto?

Se están creando hábitos o se han creado de consumir menos. Por ejemplo, el aceite en spray, como si fuese un perfume, o como las freidoras sin aceite, donde para freír patatas se le da un par de pulsaciones rápidas con el aceite spray y listo.

Las freidoras sin aceite han alcanzado cuotas de venta insospechadas, siendo su venta por el sistema tradicional de difusión «boca a boca». Son más limpias y rápidas. Hay muchas cocinas, que la freidora sin aceite la tienen como electrodoméstico de referencia, pues además de freír hacen otras muchas cosas.

Cuando un mercado se contrae, después se expande, pero poquísimo, no pensemos que volvemos al de antes, se ha generado un cambio. Esto es un problema grave para el futuro del aceite. No hay efecto acordeón.

Nosotros sabemos muy bien que el aceite de oliva tiene unas propiedades maravillosas para la salud y que es un buen producto, pero una cosa es tener un buen producto y otra cosa es venderlo. El volumen de consumo global de 3 millones de toneladas, lleva sin crecer seis o siete años.

Pero me llevo las manos a la cabeza, leo hoy por ejemplo (31.5.2024), como Túnez, va a aumentar su superficie de olivar en un 50 % y que sus principales clientes son España e Italia; entre los dos suponen el 70 % de sus exportaciones. Y ello es motivado por la fuerte demanda que tienen y sus buenos precios actuales. Con precios altos, todo el mundo a plantar olivar. En Portugal, junto al moderno embalse de Alqueva, hay ya 130.000 hectáreas de olivar moderno.

El mercado con los precios elevados se ha destruido y además no se ha atendido debidamente y los mercados cuando se pierden el recuperarlos es difícil.

Es que no puede estar el suministro de aceite tan ligado a la lluvia en Andalucía, es necesario para ello que el olivar sea de riego y haya una producción estable y no con dientes de sierra, ahora hay mucho y el año que viene no tenemos. Vamos a ver, tenemos agua y hay para regar mucho más, tres veces más, ahora bien, hay que tener la infraestructura adecuada, como la tiene California con los embalses de derivación o Israel con las aguas depuradas, y adaptar la infraestructura a la nueva situación.

En las etiquetas de aceite, hay que poner donde ha sido producido el mismo, el país. Así por lo menos sabemos lo que compramos, cosa que generalmente no ocurre ahora. Esto seguramente empezará a hacerse cuando sobre producto que será pronto.

Vamos a tener que enseñar al mundo a desayunar molletes con aceite. Y esto no es fácil.

Ojalá nos equivoquemos, pues como dicen algunos, todo tiene arreglo menos la muerte. Pero creemos que hemos de ponernos en esta situación, más vale prevenir que curar. En definitiva, el porvenir es de quien sabe anticiparse.

La única solución, no hay otra, es la exportación, tener una poderosa estructura comercial en el mundo e ir a los mercados, evidentemente a los que tengan una economía saludable, en otros países en vías de desarrollo se vendara algo, eso sí, pero casi nada, aunque no hay que olvidarlos por si acaso. Este debe ser el objetivo en las Cooperativas y Empresas importantes, si bien el camino es largo, complicado y costoso.

La expansión en el mercado internacional no se hace de la noche a la mañana, necesita años de esfuerzo y tiempo y muchas veces lo que se consigue es una frustración. Cada país está acostumbrado a un tipo de grasas y los cambios de costumbres son muy aleatorios.

Las grandes organizaciones de venta de aceite ya sean grandes Cooperativas o Empresas privadas especializadas deben moverse activamente en este campo, de preparar mercados. Pero muy a fondo, a tope. Deben moverse, les vaya bien o mal, pero es la única alternativa que nos queda para el futuro. Invertir fuertemente en ello. Movilizar los recursos con tiempo, para preparar una superproducción que vendrá muy pronto.

En las marcas, estimamos que estamos en una época de transición a nuevos estilos. Vamos a ver, en los vinos hay cientos de marcas, aparecen y nos sorprenden positivamente, pero después no volvemos a saber nunca más de ellas, por lo general. Aparte de esta multitud de marcas, hay un top de diez o doce marcas grandes, muy conocidas, que son las de referencia y que suponen un alto porcentaje del mercado.

Pero modernamente con las «marcas de distribuidor» es decir, marcas de grandes cadenas, que adquieren el producto con la marca de la gran cadena, están tomando mucho auge en el mercado, quizá es que, como el cliente en muchos casos suele ser cliente habitual de un determinado espacio y en el mismo se encuentra las marcas de distribuidor, pues adquiere las mismas, que siempre están preparadas con algún atractivo de diferente tipo.

Esto lo que conlleva es que grandes marcas que habían integrado en la misma otras marcas por adquisición de empresas, hace que marcas que habían suprimido las pongan de nuevo en circulación, al estar de moda, lo que denominamos «marcas de proximidad», porque el comprador está evolucionando a la adquisición de productos que entiende se producen en la cercanía a su residencia, de esta forma aparecen de nuevo con pujanza y publicidad marcas desaparecidas, y los fabricantes tienen que olvidar el modelo de menos marcas y más volumen de las que venden, por una filosofía distinta, que es que el fabricante produce marcas diferentes, lo que es una complicación en la fabricación, en el envasado, en la logística, pero que hacen captar mercados que solo con una marca importante no lo pueden hacer. Esta complicación para el fabricante se ve menguada con los avances y automatizaciones en las fabricaciones y envasados. Los mercados son muy diversos y variopintos y de esta forma se procura ganarlos.

La identificación de las calidades conviene mejorarla. El aceite de oliva virgen es el único aceite de oliva que no ha pasado por una refinería, todos los demás aceites de oliva son o refinados o mezclas de refinados con Aceite de Oliva Virgen. Evidentemente todos los aceites de semillas son refinados. Al refinarlo pierden las sustancias naturales, a excepción del aceite.

Por ello el Aceite de Oliva Virgen lleva una serie de compuestos naturales muy beneficiosos, por lo que en la práctica es como una medicina preventiva, también está clasificado como superalimento, pero atención este término no quiere decir que se engorde con ellos.

El aceite puro de oliva, de recolección temprana, esto tendrá que ser tema de marcas, pero la denominación *premium* podría ser el distingo de la máxima calidad de la marca. Tuvimos ocasión de probar aceite virgen extra de oliva de aceitunas verdes, sin madurar, era una sensación algo celestial, otro mundo, mucho más caro evidentemente por el poco rendimiento, pero de una sinfonía de sabores mágica, de esta faceta saldrán marcas *gourmet* que tendrán mercados muy selectivos. Fue en el sur de la provincia de Jaén, era poca cantidad la que tenían, más bien para regalo. ¡Madre mía, esto tiene futuro, caro pero futuro!

En definitiva, el mundo del olivar y del aceite tiene muchas interrogantes e incertidumbres, llena de inquietudes y peligros a la vez que de esperanzas. Hay otros peligros con referencia a un porvenir incierto lleno de incógnitas. Entre ellas, enfermedades como la causada por la *Xilella fastidiosa,* mientras más monocultivo, más peligro de que una enfermedad o plaga cause estragos, pues ya las plagas y enfermedades se han globalizado. Ojalá todo vaya bien y no haya un desastre como ocurrió en los últimos años del siglo XIX con el viñedo y la filoxera que arrasó los cultivos de España.

Vamos a dedicarnos a vender nuestro aceite en el mundo. Tenemos un gran campo para ello, que es el mundo entero y vamos a ver cómo utilizar en todo lo posible los recursos del agua para aumentar la superficie en riego por goteo y no tener cultivos en terrenos desérticos, por consiguiente. Pero claro, es un reto abierto inconmensurable. Si la humanidad todas las mañanas bebiese en un vasito aceite de oliva, su salud mejoraría de forma ostensible.

3. Es claro que lo más importante es el agua. Hablemos de ella

Somos la primera Comunidad Autónoma en términos absolutos de superficie regada: 996.092 hectáreas, que es el 27,4 % del total de la superficie nacional regada, otra cosa es que la superficie regada tenga agua (ESYRCE 2023)

Por otro lado, esta cifra induce a confusión, porque hay que tener muy en cuenta la gran superficie de Andalucía, en comparación con las demás Autonomías y la situación de sequedad, al ser el clima casi africano.

La superficie regada andaluza se distribuye así:

- Riego por gravedad o manta   89.595 has.
- Aspersión   62.287 has.
- Automotriz   12.604 has.
- Localizado (goteo)   831.606 has.
- Total   996.092 has.

Tiene como se ve una presencia mayoritaria el riego localizado, es decir, el riego por goteo, que ha aumentado progresivamente, representando el 78 % del total de los sistemas de riego, tema muy importante a reseñar por el menor consumo de agua. Este dato es muy significativo porque sitúa a Andalucía como la región más adelantada del mundo en utilización de sistemas de más economía de agua, líderes y con gran bagaje de experiencia. Tema para destacar. Y la concienciación andaluza para el ahorro de agua.

En 2022, a nivel nacional, el olivar se ha situado por primera vez como el grupo de cultivo con mayor superficie regada, con 866.736 hectáreas, el 22,98 % del total. Hasta ahora, los cereales eran los cultivos con mayor extensión en regadío, pero en 2022 ha experimentado un descenso en plantaciones como el arroz, debido a la sequía. Los cereales pasan a ser el segundo grupo con mayor superficie de regadío, 843.022 hectáreas, el 22,35 % del total, seguidos por frutales no cítricos (428.627 hectáreas y 11,37 % del total) y viñedo (397.452 hectáreas, 10,54 % del total).

El estudio refleja que en España los dos principales sistemas de riego son el localizado y el de gravedad. Este último, se ha reducido en una década un 15,79 %, hasta alcanzar las 793.402 hectáreas (21 % del total). Los sistemas de riego por aspersión suman 562.579 hectáreas (14,9 %), mientras que el automotriz está implantado en 312.597 hectáreas (8,3 %).

La presencia del riego por gravedad o a manta en Andalucía solo supone ya el 9 % del total y está desapareciendo de forma muy rápida siendo sustituido por el goteo. Es lo lógico, salvo para algún cultivo específico tal como el arroz. Con el consumo de agua en una hectárea en riego a pie o manta, se riegan tres por goteo, la opción es sencilla y el costo de personal que además no se encuentra mucho más alto en el riego a manta, si es que se encuentran operarios.

Los sistemas de aspersión están presentes en poca superficie en relación con el total, es decir, riegos por aspersión convencionales y riego pívot básicamente.

En definitiva, en Andalucía vamos al riego por goteo, más que vamos diremos que ya estamos, en alto grado.

En este punto queríamos indicar una innovación técnica, el «agua sólida»; no el hielo, desde luego. Otros le llaman, en EE. UU., «agua seca». Se trata de un polímero adecuado para este fin que con agua forma hidrogel, bolitas llenas de agua, que seguramente todos hemos visto como adorno en hogares y en otros fines.

El polímero debe añadirse al agua previamente a su inyección en el suelo y una vez formados los hidrogeles, inyectarlos al suelo, es la forma de mantener el agua cierto tiempo, y que los pelos absorbentes de las raíces se nutran lo que puedan de la misma, lo lógico sería dejar colocado unas señales para próximas recargas solo de agua sobre los hidrogeles enterrados. Esto no lo tenemos de momento desarrollado en el olivar y diría que en otros cultivos lo desconocemos y hay que incidir.

La producción andaluza agraria del regadío supone 6.657 millones de euros, que es el 64 % de la producción de la rama agrícola total, que son 10.000 millones más 2.000 millones de ganadería.

Estas cifras son tremendas, <u>nos referimos a que el 64 % de la producción final agrícola es producido por el 25 % de la superficie de cultivo Andaluz que es la de riego,</u> esto es para reflexionar.

Por consiguiente, el 75 % de la superficie que es el secano, solo produce el 36 % del total productivo de Andalucía. Es decir, un 25 % de secano supone el 12 %, en comparación con el riego que en vez del 12 %, produce el 64 %, la diferencia productiva entre secano y riego es inmensa, el riego cinco veces más. Es la disparidad total.

El secano día tras día tiene cada vez, salvo excepciones, menos interés económico, menos rentabilidad y con el cambio climático su subsistencia es cada vez más complicada. El agua en Andalucía es esencial para el aumento importante del PIB per cápita, donde tenemos el más bajo de España, junto a Extremadura y que su consecuencia es un alto índice de desempleo.

Un pequeño ejercicio: si la superficie de riego aumentase 500.000 hectáreas, (es decir, del 25 % de la superficie se pasara al 33,5 %), la producción vegetal andaluza aumentaría un 30 %, situando la misma en 12.900 millones de euros (aparte los 2.000 millones de sector ganadero) crecimiento tremendo. Aumentaría el PIB agrícola andaluz en un **30 %** (actualmente 10.000 millones de producción vegetal andaluza), pasaría a 13.000 millones, el impacto en la economía y en la mano de obra sería tremendo de positivo. ¡Esto sí que es crear empleo! Aparte del PIB ganadero.

Porque actualmente se hablan en estrategias políticas de crear puestos de trabajo, que no sabemos cómo, recordamos que, con el anillo ferroviario de Antequera, ya olvidado se iban a tener no sé cuántos miles de puestos de trabajo, una utopía. Los puestos de trabajo son una consecuencia del aumento del PIB, si se nos explica cómo se aumenta el PIB, nos referimos no en generalidades sino de forma concreta, y ya a la vista de ello se puede estimar el número de nuevos empleos. Este concepto es necesario tenerlo muy claro.

Se trata en definitiva de que la superficie regada, actualmente el 25 % de la superficie agrícola andaluza (que son 4.400.000 Ha. en total), suba al 33,5 %, solo un 8,5 % más, restando esos puntos al secano cada día menos rentable. Es una pena importar en

Europa muchos productos agrícolas de terceros países, cuando tenemos en Andalucía clima para producirlos y tierra, pero no agua.

Actualmente el sector agrícola en Andalucía tiene 275.000 empleados, según datos publicados en Internet, es bastante pensable que con 500.000 hectáreas más de riego por goteo, se crearan unos 80.000 puestos de trabajo directos y del orden de 50.000 indirectos.

El sistema de riego subterráneo con goteros enterrados y la tubería de polietileno que los abastece de agua, están triunfando en algunas comarcas y en otras pasan de momento de ellos y en otras se les defenestra sin haberlos utilizado esto pasa siempre con todo lo nuevo.

Como los goteros enterrados «no se ven», se teme que puedan quedar obturados y no enterarnos que no se está regando, esto que parece de bastante sentido común y argumento para no poner este sistema, pero con la debida técnica no se tiene este problema en absoluto, manteniendo un pH del agua adecuado e igualmente procediendo a hacer limpieza, con hipoclorito (para destruir materia orgánica) y aparte, nunca simultáneamente, con ácido nítrico. Ni contacto mínimo entre ellos, jamás mezclar nítrico con hipoclorito, el problema es terrible, la limpieza debe ser absoluta ni la más ligera contaminación.

Con el riego subterráneo, el consumo de agua es menor que en el goteo de superficie al no haber pérdidas por evaporación; por tanto, con menos agua se riegan más hectáreas. La superficie del terreno no tiene conducciones de agua y es más fácil trabajar sobre ella sin obstáculos. Estamos hablando de cultivos arbóreos, evidentemente. Las tuberías enterradas también están a salvo de conejos y jabalíes.

Sabemos que en el futuro tendrán una amplia repercusión pues su instalación también es más económica, con máquinas que sitúan dicha tubería flexible. Los que lo tienen están muy satisfechos.

Hay que hacer todo lo posible para ahorrar agua, pero hemos de tener en cuenta que un problema mayúsculo que tenemos con el agua es que el 45 % de la misma, no llega a las parcelas de riego para el riego, se pierde lamentablemente en el camino, con acequias de tierra, en otros casos de cemento ya envejecido y roto, o tuberías enterradas de fibrocemento, con más salideros en las juntas que el agua que circula, en fin, un desastre. Esto es importante, lo principal y dejarnos de rodeos y de mirar a otro lado. Y esto es un problema de fuertes inversiones que no se ataca, salvo en puntos aislados concretos.

En fin quizá las mismas empresas municipales de aguas podrían llevar la acometida lógica de agua en su término municipal.

Hoy en día la tecnología permite colocar de forma rápida tuberías enterradas de polietileno virgen de gran diámetro, con juntas electrosoldadas que evitan todo tipo de fugas y que es una materia flexible en cierta medida, que impide roturas y que es de larguísima duración, siempre que sea polietileno virgen y no tenga cargas destacables de carbonato cálcico u otras que abaratan su precio evidentemente, pero hacen su vida mucho más corta y problemática.

En definitiva, con el tiempo cada agricultor tendrá su contador de agua, conectado vía satélite con el centro de datos de los que ya hay muchos, pero hablo en general y recibirá los cargos de consumo, sin que haya que ir a ver el contador. Esto de los contadores ya funciona en algunas zonas de Andalucía y habrá un control lógico sobre el consumo de agua y hace falta una infraestructura de suministro adecuada. El agua ha pasado a ser un bien muy apreciado. El consumo de agua agrícola controlado como si fuese una vivienda.

De esta forma, si conseguimos controlar bien el agua que tenemos, nos permitirá regar mucha más superficie optimizando los recursos.

Últimamente, en cultivos en líneas, se va generalizando el uso de «mantas» de material adecuado sobre el suelo por dos razones, una para no tener que utilizar herbicidas, pues con las mismas no hay hierba y otra porque se impide la evaporación de la humedad del suelo y hay que utilizar menos agua para regar. ¿Llegará un momento por ejemplo que se añada hormigón al campo en cultivos arbóreos para evitar evaporación en las calles y ser mucho más cómoda la mecanización? Esto evidentemente es una exageración, quien sabe cómo puede evolucionar la agricultura, evidentemente con ello, queremos decir no hormigón en sí, sino una impermeabilización del suelo, en olivar, de todo el suelo. Nos queda mucho por ver, lo que hay ahora dentro de unos años será diferente y seguiremos cambiando más y más.

Muchos de los riegos actuales por goteo requieren una costosa modernización, son muy primitivos, muy antiguos, se instalaron cuando se estaba iniciando el goteo, con los conocimientos embrionarios que había entonces y la tecnología hoy ha cambiado una barbaridad. Con la actualización se consigue, desde luego disminuir el consumo de agua al menos el 20 % en números globales, quizá más que una modernización habría que hablar por una sustitución por elementos modernos. En ello por ahorrar se han hecho bodrios, las instalaciones en riego por goteo, no había en sus inicios experiencia alguna y se trataba de invertir lo menos posible, pensando que posiblemente no funcionaría. El agricultor necesita seguridad en el suministro de agua, es esencial.

Deben ser revisadas las instalaciones de riego por goteo y pasar cada siete años, por ejemplo, lo que podríamos llamar una ITV de eficiencia del agua y las nuevas instalaciones autorizadas, y que cumplan unos determinados estándares, esto desde luego supondrá para el agricultor un notorio esfuerzo al que habrá que ayudarle, para que tengan instalaciones modernas y optimizadas.

Conviene conocer que España, en riego por goteo, es la segunda nación del mundo en superficie después de EE. UU y que somos un referente mundial es esta área. Es desde luego para estar orgullosos y agricultores y técnicos de muchos países vienen a verlo a España, y lo decimos con conocimiento por haber estado en no pocas visitas de extranjeros.

El nombre de Riego por goteo está antiguo y sería mejor llamarle «riego de precisión», que viene a decir riego exacto, de total aprovechamiento, nombre que tiene un largo recorrido y que lleva muchos años usándose, pero no es vamos a llamar de uso por parte del agricultor, habitualmente se le viene llamando sobre todo en revistas técnicas «riego localizado».

En los embalses, el consumo del agua está previsto para las grandes ciudades y el excedente para agricultura.

Hay que nombrar California cuando se habla de Andalucía y del agua; en California hay si cabe más irregularidad de lluvias que en Andalucía. En el fondo somos gemelos climáticos y allí se ha afrontado el tema de agua de riego como muy importante y se han construido «embalses de derivación», a los que se les bombea agua cuando llueve y además se hacen recargas de acuíferos para asegurar el sector productivo agrícola.

El establecimiento de balsas de gran capacidad que permita llenarlas desde los ríos en la época de no consumo de agua de riego, que coincide con las lluvias, es una medida genial igualmente. Ya se construyeron en su momento algunas junto al Guadalquivir, desde cerca de Sevilla capital a más o menos Lora del Río, en definitiva, almacenamiento de agua de regulación.

Es una pena, por ejemplo ver nacimientos de agua a borbotones, durante unos meses y como se tira la misma, en vez de almacenarla para nuestra Andalucía africana.

Es importante en las depuradoras de agua no verter el agua tratada a los ríos ni al mar, si están en la costa, sino establecer el almacenamiento y conducción para que sea utilizada en riego.

Como sabemos, las aguas residuales domésticas, contaminadas por los usos urbanos deben ser depuradas en las Estaciones Depuradoras de Aguas Residuales (EDAR), en las mismas se intensifica de forma artificial y controlada en poco terreno y breve tiempo. En definitiva, hay un tamizado o criba, después un desarenado y desengrasado. Un tratamiento primario para decantar sólidos en suspensión y un tratamiento biológico, creciendo colonias de microbios que se comen la materia orgánica del agua para lo cual hace falta una adecuada aireación que proporciona oxígeno, posterior a ello otra decantación.

Finalmente, un tratamiento terciario mediante productos químicos para reducir algunas sustancias concretas y sistema de desinfección. De estos procesos surgen lodos o fangos que se desecan y deben ser utilizados en agricultura y no transportados al vertedero, además de agua útil para el riego. Pero falta la infraestructura para que estas aguas depuradas, se almacenen y se suministren al campo.

En fin, las depuradoras son muy diversas, pero convendría que los alumnos de los colegios las visitaran; así cuidaremos más vertidos inapropiados, y no tirar al desagüe cosas tales como colillas de cigarrillos, plásticos, restos de comida, aceites de cocina, etc. La ciudadanía en general debería conocer las mismas.

La densidad de la población en Málaga y Costa del Sol hace tener un alto volumen de aguas residuales que las mismas, una vez depuradas, en vez de enviarlas al mar, evidentemente deberían utilizarse en agricultura donde tanta falta hace, además de paso se contamina menos el mar o es bueno para las playas.

El proyecto de «autovía del agua», es decir, de que las aguas regeneradas de la costa fuesen bombeadas al interior, tiene una lógica aplastante. La inversión estimada es 750 millones de euros, para bombear 50 hectómetros cúbicos, es decir, 50.000 millones de litros, que supondría poner en riego 30.000 hectáreas. ¡Sería genial, fantástico!

La tubería partiría de Málaga hasta el municipio de Villanueva de Algaidas, ello conlleva balsas de acumulación de agua en diversos puntos del recorrido y canalizaciones hasta fincas.

Este ambicioso proyecto está liderado por Dcoop, la Cooperativa de Segundo grado cuya sede central está en Antequera como es conocido y liderada por Don Antonio Luque y tiene la colaboración intensa de Asaja-Málaga, cuyo presidente es una figura de la agricultura como es Don Baldomero Bellido. El agua residual en Málaga que se vierte al mar es en la actualidad 1.500 litros por segundo

Este mayor consumo de agua evidentemente conlleva al uso de desaladoras como medida indispensable. Para disminuir el costo de producción del metro cúbico de agua se debe recurrir a las placas solares o a otro tipo de alimentación fotovoltaica. De esta forma las desaladoras, cada vez más tecnológicas y de menor costo por metro cúbico de agua desalada, serán una figura más que numerosa en la Costa y su bombeo al interior una opción clara de resolver el problema del agua como se ha hecho en Almería.

En el mundo del agua para la agricultura, nunca se ha visto una mediana agilidad, y ocurre que hay muchos pozos ilegales, no porque el agricultor quiera, sino que cuando encontraron agua, peticionaron su legalización y han tenido la callada por respuesta, y consecuencia de ello, pues tenemos pozos ilegales muchos, que conviene dar solución a los expedientes en el sentido que sea y tener un mejor control sobre los mismos y autorizar pozos hasta un límite de profundidad para que la capa freática no baje de ese nivel, almacenando las extracciones en balsas. Los expedientes de solicitud quedan almacenados en los organismos públicos de forma habitual donde se acumulan.

Los expedientes de pozos y de otros temas que se exponen a la administración son lentos, tan lentos, en muchas ocasiones que quizá no lo vean resuelto la generación actual y no sabemos si la futura.

Sabemos que tenemos un problema grande con el agua en Andalucía, lo sabemos todos, pero se resuelve bien poco, al ser tan grande, pues es difícil de meterle mano. Los grandes problemas requieren grandes soluciones. No grandes inhibiciones.

Por ejemplo, la costa de Almería tiene mucho sol y un mercado europeo cercano, por ello se ha convertido en poco tiempo, en la productora más importante de hortícolas del mundo mediante gestiones innovadoras del agua.

La única demarcación que consigue reducir su déficit hídrico de cara al horizonte futuro es la demarcación de Cuencas Mediterráneas Andaluzas (Almería) que reduce su déficit en 165 hm^3 debido a la planificación de entrada de 120 hm^3 procedente de la desalación y 82 hm^3 procedente de aguas regeneradas a pesar de que sus recursos superficiales y subterráneos descienden considerablemente. Esto demuestra el potencial que puede jugar los recursos complementarios en demarcaciones litorales y la importancia de gestionar de manera eficiente los recursos a través de un «mix hídrico» atendiendo a diferentes orígenes de estos (superficiales, subterráneos, depuradas, desaladoras y trasvases), que deben ser integrados de manera inteligente para atender las demandas existentes en nuestro territorio con mayor garantía y respetando los derechos preexistentes.

En fin, se dan las condiciones óptimas, es decir, los medios de sol, agua, y temperaturas adecuadas, para que la agricultura tenga un enorme desarrollo tecnológico y expansivo. Es decir, si se ponen medios para producir desde luego el agricultor bien que los utiliza, si no tiene agua, entonces la evolución queda cortada, y la Andalucía de secano de pena.

Las restricciones muy importantes en agua de riego, por falta de esta hace que las producciones bajen de forma ostensible, en las muchas extensiones donde ello sucede tomando en los casos que corresponde tintes muy dramáticos, y que lógicamente disminuyen el PIB agrícola de Andalucía y son fuente de pobreza y de paro.

Ante el problema del agua en la agricultura está muy claro que se está tomando conciencia, los líderes políticos en Andalucía hablan ya modernamente de ella, de forma destacable, lo que es un paso adelante para ver de solucionar y esto antes no ocurría. De todas formas, hoy por hoy, no hay planes y se ve el panorama bastante negro.

La sensación es que se quiere esperar a que el dicho «con el agua al cuello» en la agricultura se transforme en «nos hemos ahogado» para tomar en serio la delicada situación hidrológica que tiene Andalucía y actuar de una vez defendiendo a un sector agroalimentario que es el más grande de España.

El agua es fundamental en nuestra Andalucía con clima africano, para obtener cosechas, no podemos estar al socaire de cuando llueva que el suelo tome actividad en un clima como el que tenemos en nuestra Andalucía bendita.

4. Antes de nada, tiene usted que aprender sobre la conductividad eléctrica, el pH y los cuentalitros y después seguimos. Esto es fundamental

Es muy importante tener unas ideas muy claras sobre el pH y la conductividad; son dos parámetros indispensables, absolutamente necesarios para obtener resultados óptimos de la fertirrigación en riego por goteo. Es un asunto que no se puede pasar de soslayo de ninguna forma.

En riego localizado, el control de pH y conductividad es solo del bulbo regado, de la parte del suelo mojada por el agua en el riego por goteo, es allí donde el olivo toma el agua y los nutrientes, y del resto de la superficie pasamos de la misma, no obstante, es necesario conocer de forma general evidentemente las características físicas y químicas del suelo, y hacer a tales efectos un análisis del suelo (sin incluir la superficie regada, cada cinco años más o menos)

También en este capítulo nos vamos a referir a que es importante conocer los metros cúbicos de agua que gastamos, para lo cual evidentemente requiere la instalación adecuada de cuenta litros, por sectores, que nos permita tener un conocimiento completo de ello, por las muchas conclusiones que se sacan.

La escala de pH va entre 0 y 14, es la medida mínima y máxima. Entre 0 y 7 el pH es ácido y entre 7 y 14 el pH es alcalino o básico; en definitiva, alcalino es lo contrario de ácido.

En el tema de pH, es curioso pues la diferencia entre pH 6 a 7, esta unidad de pH es muchísimo más ligera que la de pH más bajo, es decir, la diferencia de acidez entre un pH y otro aumenta tremendamente en pH más bajos. No es ni parecido la diferencia de acidez, entre por ejemplo 6 y 7, que entre 2 y 3 que es tremendamente mayor, no es diferencia aritmética, es exponencial.

El pH del agua dentro del bulbo regado debe estar en 6,5. Si el pH no es este tenemos un problemón, porque de los elementos que la planta requiere sin discusión, si el pH no es el correcto, aunque los haya en el suelo la planta no puede tomarlos. Así de sencillo.

Nuestros suelos de olivar, por lo general son de pH alto, es decir, alcalinos (es muy raro suelos con pH acido, rarísimo), las plantas no pueden tomar: Fosfatos, así como tampoco Boro, Cobre, Hierro, Manganeso y Cinc, lo cual es más que importante.

Así que el agua en riego por goteo, después del punto de la inyección de abonos líquidos, es necesario que haya un medidor de pH y tener conocimiento exacto del pH del agua con nutrientes.

Por otro lado, hemos de tener en cuenta que el pH del agua con nutrientes no es el pH del agua del suelo, porque en el bulbo regado hay una serie de intercambios químicos, necesitamos pues tener peachímetro de sonda en el suelo, y ver que pH debe tener el agua en el interior del bulbo, pH 6,5.

Esto no se consigue en la práctica nada más que con la inyección del ácido nítrico. Los inyectores de nítrico miden el pH antes de incorporar el mismo, y lo miden después de la incorporación y se regulan de forma automática para que el pH de salida sea el que deseamos.

Esto el agricultor de olivar ninguno lo hace (a lo mejor hay alguna excepción testimonial), y es un tema bastante elemental.

Sin ir muy lejos, en Almería para los cultivos de allí no hay explotación agrícola que no lo haga, y el olivar que sepamos también es un vegetal. En fin, no sabemos que más argumentos, solo decir que, si ello no se hace, pues lo que hacemos lo habitual no tiene lógica.

El pH del agua con la que regamos debe ser más bajo, para que luego en el suelo tenga el de 6,5 y esto se consigue pues haciendo pruebas en la realidad, e ir ajustando el pH del agua de riego hasta que el pH de la solución del suelo tenga el de 6,5.

Aquí con ello nos encontramos un problema, el ácido nítrico es un producto peligroso, no puede estar en tanques de poliéster, debe estar en tanques de acero inoxidable, por motivos de seguridad y de ataque químico, ningún poliéster soporta la agresividad del ácido nítrico.

El nítrico con combustibles tal como gasolina, gasoil etc., es un explosivo de alta potencia, no puede ni tocar una materia orgánica, ni líquida ni sólida; requiere una normativa de seguridad y preparación para su uso.

Por supuesto los tanques deben tener inexorable y preceptivamente su cubeto, hecho de acuerdo con la normativa al respecto y recubiertos interiormente de polietileno, pues el nítrico ataca al hormigón, y el personal que lo manipula debe estar preparado asistiendo a cursos correspondientes.

Esto es así, y no hay otra solución, no busquen cinco pies al gato que no los tiene.

Tiene que manipularse con gafas y guantes de seguridad, y no se puede fumar. No pueden estar a la intemperie y el local debe ser venteado, muy aireado queremos decir.

En caso de que caiga sobre la piel produce quemaduras y si es sobre los ojos, pues la ceguera. Tiene que haber salida de gases, y salidas fáciles de evacuación, carteles de peligro. En caso de accidente mucha agua, no poca sino mucho tiempo con agua de lavado, para mitigar en lo posible los daños. A tal efecto ha de tener la instalación bañera repleta de agua de seguridad y ducha lavaojos.

Un tema importante es las válvulas ya que el nítrico ataca a la mayoría de los tipos de juntas que lleva las válvulas, lo que da lugar a salidas de producto y a desastres. Las válvulas deben tener juntas adecuadas de teflón, y ojo, no podemos comprarlo ni pedir recomendación a personas no preparadas.

Aquí, todos los olivareros en riego por goteo, tienen una asignatura pendiente, que no se ha afrontado hasta el momento, y que es fundamental.

Otras pseudoalternativas que se han probado y han sido muchas, pues lamentablemente no han dado resultados adecuados. Por ello es el sistema imperante de control de pH. Los abonos líquidos ácidos no dan lo suficiente para controlar el pH en nuestros suelos calizos. Abonos líquidos terriblemente ácidos necesitan los mismos cuidados que el nítrico. En fin, aquí no valen palabras, hay que tener los medidores de pH, hablar de otras soluciones es salir por los cerros de Úbeda y contar historias, no hay alternativas.

La conductividad. Para el que no lo sepa, su nombre completo es «conductividad eléctrica», es una medida sencillísima, que viene a determinar la concentración o cantidad de sales totales que tiene el agua. Esta medida no nos dice que tipos de sales son, sino la cantidad total de estas en el agua.

Simplemente se trata de pasar energía eléctrica por el agua y al pasar por la misma depende de la cantidad de iones que encuentre (los iones son consecuencia de dividirse la molécula de sal al disolverse en el agua), da una medida que es la «conductividad eléctrica»; en definitiva, mientras más alta es la conductividad, más sales tiene el agua.

Otra cosa aparte es que queramos saber cuáles son los iones presentes exactamente y el contenido de cada uno en el agua, esto ya es de laboratorio. Y es importante, pero por lo general, si el agua es de la misma procedencia, pues los porcentajes varían poco por lo que no es necesario su análisis continuo sino cada cierto tiempo, que ya señalaremos más adelante.

Los iones más frecuentes son sodio (Na^+), calcio (Ca^{2+}), magnesio (Mg^{2+}), potasio (K^+), bicarbonato (CO_3H^-), sulfato (SO_4^{2-}) y cloruro (Cl^-).

Las unidades empleadas para la medida de la conductividad son:

- dS/m = mS/cm = mmho/cm
- µS/cm = µmho/cm
- mg/l
- 1000 µS/cm = 1 mS/cm
- 1 ms/cm equivale 640 mg/l de sales

Pues bien, el conductímetro, es un pequeño dispositivo que se colocan dos sondas (lo mismo que antes se ha hecho con el peachímetro) y nos mide la conductividad de forma continua antes de añadir los fertilizantes y después de añadir los mismos. Hay ya dispositivos disponibles que pueden medir al mismo tiempo el pH y la conductividad.

Si la conductividad eléctrica es muy elevada, es un factor esencial porque con los fertilizantes aumenta la misma y si sale de los valores normales y entramos en una conductividad muy alta, muchas sales en el suelo, pues esto es un problema grande, porque las plantas toman el agua por osmosis a través de una membrana, que son los pelos absorbentes de las raíces. La presencia de iones en los tejidos de las plantas a concentraciones superiores a las toleradas origina lesiones características como por ejemplo el sodio, los cloruros y el boro. Aparte de ello disminuye tremendamente la absorción

La producción de aceituna no se ve reducida hasta que la salinidad rebasa un umbral a partir del cual el rendimiento empieza a disminuir de forma lineal.

La reducción del crecimiento y de la producción son atribuibles básicamente a una disminución del potencial osmótico de la solución del suelo reduciendo las disponibilidades de agua para el cultivo, o a una concentración elevada de algunos iones en los tejidos de las plantas, sodio y cloruros principalmente, y/o a una deficiencia nutricional causada por iones antagonistas, cloruros y nitratos, por ejemplo.

La presencia de sales eleva el componente osmótico del potencial de agua del suelo, lo que se traduce finalmente en un gasto extra de energía para la extracción de una determinada cantidad de agua.

Así que es necesario conocer esto y buscar un nivel continuo de sales en el agua que sale por los goteros.

Los sistemas modernos, abren el sistema de dosificación de forma automática, para que entre el abono que tenemos previsto en más o menos cantidad, la que sea necesaria para que la conductividad eléctrica alcance un determinado nivel.

En Almería, cuando preguntamos qué cantidad de abono emplean por hectárea, se nos dice: «el que la planta necesite», pero no te dan cantidad, no la saben, no la tienen en cuenta, es decir, el abono va entrando en el agua hasta alcanzar el nivel de conductividad que le ha señalado el técnico, y va el sistema de dosificación inyectando más o menos, en función de la conductividad del agua.

Esto ni remotamente se ha pensado en olivar, aquí se dice vamos a utilizar tantos kilos por hectárea de tal producto líquido, fraccionando en estos riegos y punto.

En fin, una forma muy elemental y primaria el abonado del olivar, en el caso de que se abone evidentemente. Con lo que dejamos el rendimiento a lo que salga, sin base alguna.

La conductividad eléctrica y el pH son dos medidas indispensables que el agricultor debe manejar y conocer, al menos para saber que está ocurriendo en su cultivo, aunque no quiera en principio llevarse por ellas.

La conductividad del agua de riego debe estar regulada, si quiere abonar muy poco, pues póngale una conductividad más baja al sistema de dosificación y si queremos darle un «chute», pues una conductividad más alta. En definitiva hemos de guiar o manejar el cultivo.

Es importante desde luego medir también la conductividad del agua del suelo (solución nutritiva), extrayendo la misma de las sondas clavadas en el bulbo que hemos de tener algunas instaladas para este fin

Los autores de este libro, sobre este tema han venido divulgando lo que han podido en conferencias, artículos, etc., pero desde luego no se les ha tenido en cuenta en el olivar para nada, cuando en otros cultivos es un tema generalizado y no discutible. No hay razón alguna para este atraso en el abonado del olivar en riego por goteo

¿Qué tiene el cultivo del olivar, en el cual cada uno abona como se le ocurre y cree y no de forma técnica y científica? Es decir, es como si las personas, en vez de ir al médico especialista van al curandero.

Pues no sabemos qué ocurre, estamos desconcertados, quizá por ser un cultivo de mucha antigüedad, pues sigamos con la tradición y no con la modernidad; desde luego el agricultor no está debidamente preparado, en fin, no se hace nada y esto afecta directísimamente a la rentabilidad del cultivo. Así de claro.

Vayan a cualquier finca de Almería, o bien de Murcia por ejemplo y pregunten por el control de pH y conductividad, le dirán que son básicos y elementales.

Algunos autores (Rugini y Fideli, 1990) afirman que el límite de tolerancia del olivo cuando se riega con aguas que contienen solo sales de cloruro sódico está en 8 g/l, o sea 12 dS/m aproximadamente. Sin embargo, podría tolerar mayores niveles de conductividad si las sales de cloruro sódico representan una pequeña proporción sobre las sales totales.

El umbral de tolerancia podría situarse alrededor de 4 dS/m con una disminución relativa del rendimiento en torno al 7.5 %.

Los contadores de agua: Hoy son electrónicos, no hay rotores en el interior que al dar vueltas midan el agua, es sencillamente una sonda eléctrica que mide el paso de agua. Tecnología revolucionaria habitual en la industria y que requiere evidentemente tener una fuente de energía, su consumo es bajísimo.

Pueden actuar con pilas o batería, pero al final las baterías se gastan y son inseguras, lo lógico es una fuente eléctrica lo mismo que para los peachímetros y conductivímetros.

Por consiguiente, deben instalarse, en los puntos adecuados, tal como por ejemplo la caseta de motobombas y si no hay más remedio de donde no haya electricidad, pues con placa solar elevada sobre un poste.

En la tubería de riego hay que insertar el contador volumétrico electrónico. Si Usted lo mira ante de instalarlo pues no verá nada en el interior, totalmente diáfano. Evidentemente al insertarlo en la tubería, debe tener el mismo diámetro que la tubería, sin estrechamiento alguno.

Conocer con exactitud el agua que se está consumiendo en la finca, el agua total y en que sectores divide la misma y poner en cada uno el contador volumétrico, esto tiene su coste de instalación y se debe ver con rigor cuales son los puntos óptimos.

Hoy en día ya los datos se recogen de forma automática en el ordenador, sumando los contadores parciales y el general podemos además saber si hay pérdidas de agua por rotura de tubería. Con estos datos también se puede saber si en una determinada zona hay goteros obturados. Si el caudal de agua que mide el contador va disminuyendo poco a poco a lo largo del tiempo, probablemente haya goteros obturados y por eso se «consume» cada vez menos agua.

El agua, como bien escaso, cada día es más importante su control y su mejor utilización. Las conclusiones del control de agua son muy destacables, y ya cada finca deducirá las mismas llevando un historial.

En fin, es necesario invertir en la finca, en estos temas como lo requiere el agricultor empresario para obtener la mayor rentabilidad.

La agricultura se está «industrializando», automatizando y controlando para obtener la mejor rentabilidad posible.

Para el que no lo conozca, un hectómetro cúbico es como un dado que tiene cien metros de lado y que por ello contiene un millón de metros cúbicos.

Un metro cúbico es un dado con un metro de lado, el cual contiene mil litros.

Foto 4.1. Medidor de caudal electromagnético.

Fuente: Fertinova.

5. Vamos a tener claro qué presentación de abonos vamos a emplear

En cuanto a forma física nos referimos, si es más conveniente el líquido o el sólido para el abonado en fertirrigación en riego por goteo.

El debate sobre esta cuestión, con la rapidez que vamos en el mundo, se ha quedado ya antiguo, pero conviene aclarar conceptos.

¿Qué es más eficaz, un abono líquido o el mismo fertilizante en forma sólida? Vamos a tener claro que es lo mismo, no son los líquidos más eficaces, ni son los sólidos más eficaces, es lo mismo en cuanto a efectos agronómicos. Es simplemente la presentación que en uno es sólida y en otro es en forma líquida. Evidentemente estamos comparando sólidos solubles, pues si los sólidos no son solubles o parciamente solubles en agua, entonces la ventaja de los líquidos es descomunal.

Centrándonos en riego por goteo, desde luego es clarísimo que es más adecuado la forma líquida; aunque hay quien opina que no, en fin, para gustos colores. Pero el factor comodidad y simplicidad de los líquidos arrasa.

Es bastante elemental, en abonos sólidos solubles para fertirrigación, son productos envasados y paletizados, evidentemente a granel no puede ser por temor a contaminarse con otras partículas y después el consiguiente problema al ser disueltos.

El producto envasado conlleva una gestión de residuos de envases de plástico y palets, ya hoy de un solo uso y endebles. Aparte del costo de paletizado y envasado.

Con los sólidos hay que preparar una «solución madre», es decir, añadir los kilos de cada producto en un depósito vertical abierto por arriba y allí volcar el contenido de los envases de acuerdo con una «receta», tantos litros de agua, tantos de tal fertilizante A, tantos de fertilizante B, y tantos por ejemplo de fertilizante C, y a la vez tener en marcha un agitador en el tanque para que los productos se disuelvan; esto es caro.

Sin embargo, con los líquidos, hay un problema y es que no en todas las provincias tienen una organización de suministro adecuada. Puede haber zonas en España donde no haya infraestructura de líquidos, ni oferta, por consiguiente.

Con los fertilizantes líquidos recibes la formula ya preparada y no tienes que hacer nada, con el ahorro de mano de obra correspondiente; además no te roban ni desaparecen sacos llenos de fertilizante y, lo que es más importante, el factor comodidad, que es un factor que arrasa.

No se puede decir que los fertilizantes líquidos sean más caros ni más baratos; por materia activa en general tienen precios similares, y salvo a lo mejor alguna excepción, al agricultor le sale al mismo costo por unidad fertilizante y sin embargo con una comodidad enorme en los líquidos.

Hay una idea equivocada pensando que el fabricante de líquidos lo que hace es comprar sólidos, disolverlos y que para ello mejor lo hacen en la finca y dinero que se ahorran. Esto evidentemente no es así, si esto fuera cierto los líquidos serían mucho más caros que los sólidos cristalinos

Los que así piensan no tienen ni idea de los procesos de fabricación. Esto puede ser verdad en un fabricante local pequeño, pero no desde luego en las grandes empresas productoras de volúmenes muy importantes de abonos líquidos.

En fin, no se trata ahora de entrar en el tema de fabricación, pero si indicar que, aunque el producto final sea el mismo, se parte de otras materias primas que se compran en grandes volúmenes o se fabrican según el caso y se filtran y procesos productivos que hacen a los líquidos competitivos con los sólidos solubles que, en definitiva, antes de presentarse en forma sólida, cuando se fabrican están en forma líquida por lo general y tienen un proceso de desecación costoso.

Los líquidos en riego por goteo no tienen discusión, por lo que van ganando terreno. Otra cosa es que haya mercados tradicionales de sólidos solubles y tengan los mismos un alto grado de incidencia, por tema de tradición o porque no haya una estructura de líquidos debidamente preparada.

Los abonos líquidos de fabricantes de primer nivel, el producto va en camiones precintados, con el dossier técnico y tienen una garantía de riqueza, mediante una trazabilidad y fabricación automatizada, que evitan error humano y dan total garantía al producto. Desde la fábrica a la finca.

Cuando el camión llega a una finca, el agricultor puede tomar una muestra si lo desea en el momento de la descarga. El conductor realiza la descarga de manera rápida, lo que hace que el proceso sea sencillo, ágil y eficiente. Esto no tiene nada que ver con el manejo de sólidos ni con la preparación de la solución madre con los cristales solubles. Esta última puede causar problemas, como la preparación incorrecta de la solución madre según la receta, lo que puede generar precipitados y obstrucciones.

Como este concepto es claro para los autores, no entramos por consiguiente al análisis de los diferentes tipos de abonos solidos cristalinos en olivar ya que este cultivo está situado en zonas donde hay una buena infraestructura de abonos líquidos.

Ahora bien, a quien no le sea posible tener líquidos, tiene que convertir la receta nuestra por sus unidades a fertilizantes sólidos y hacer la misma receta en unidades nutrientes con sólidos, haciendo primero prueba en un recipiente pequeño, pues puede ocurrir que en algún caso con los sólidos se pueda producir precipitado, en cuyo caso hay que ver si las materias primas usadas son compatibles, entrar en este tema desarrollando el mismo sería muy largo con muchas variantes y pensamos que poco práctico por lo indicado.

Por comodidad, se recomienda que los elementos secundarios calcio, magnesio y azufre vayan acompañando al fertilizante líquido NPK pero de manera separada, es decir, NPK + calcio o NPK + magnesio o bien NPK + azufre. Si se pretende mezclarlos todos en un único producto, este sería muy poco concentrado y además, en muchos casos, tendríamos incompatibilidad produciendo precipitados. El calcio no puede «verse» con el azufre, se formaría yeso en el seno del líquido. A ciertas concentraciones, el calcio también precipita con el fósforo.

En cuanto a los micronutrientes, ya lo verán, es claro que lo mejor es un cóctel líquido vía riego por goteo de los cinco microelementos, excepto el hierro, que es un tema aparte.

En las zonas olivareras de España, ocurre que los líquidos que recomendamos son muy accesibles a cualquier explotación.

6. Lo primero es tener una instalación de fertirrigación decente y dejarnos de historias. Si decide «hacer un invento», si no lo tiene claro, cuando lo lea mejor es que no siga con el libro

A lo largo de nuestra actividad profesional, entre los hechos vividos más incongruentes en este asunto, es ver que una gran parte de los agricultores deciden por ellos mismos y porque a sus asesores le parece normal o no saben o no pueden hacer otra cosa que tener una instalación de fertirrigación, embrionaria, más que elemental y retrograda.

Es decir, como tanque almacén o tanques almacén, contenedores de segunda mano de 1.000 litros, los cuales se los regalan, o los compran a precio más que económico y aparte de ello una bomba dosificadora eléctrica, de cabeza sencilla, es decir, para un solo producto, de pistón o membrana y de las más baratas del mercado, con su regulador de volumen obviamente. O lo que es peor, una abonadora que viene a ser un depósito pequeño que lo llenan de abono y hacen pasar el agua para que vaya arrastrando el fertilizante, con lo cual al principio el agua saldrá más concentrada que al cabo de cierto tiempo donde ya no llevará producto. Tampoco somos amigos de los venturi, cuyo funcionamiento se altera con los golpes de presión del agua, aunque sean mínimos.

Y se sienten felices por lo bien que lo han hecho y lo mucho que han ahorrado. Obviamente han de estar pendientes de que cuando se consuma el volumen del contenedor cambiar el abastecimiento de la bomba a otro contenedor con producto. No solo ello, sino que así, como verán a lo largo de nuestra exposición, harán un mal abonado, lógicamente serán castigados con menor producción del cultivo. Pero claro, ellos piensan que otras producciones mejores no existen y que lo mejor es lo suyo.

La instalación de fertirrigación es como si en su casa, en vez de una cocina moderna, entendiéramos que por ahorro económico mejor instalar una simple y antigua, sin horno, sin microondas, con un frigorífico pequeño y muebles de aglomerado de baja calidad, escasa cubertería, pocos recipientes, en fin, invertir todo lo menos posible.

Es determinante que la instalación de fertirrigación requiera una serie de consideraciones específicas para cada finca, para que la misma se adapte a los requerimientos de esta de forma perfecta y que además quede espacio libre, para actuaciones futuras, que pueden ser consecuencia de cambios de cultivo, etc., y que ahora es imposible de prever.

Es necesario que la instalación de fertirrigación esté en la caseta de bombas, es lo lógico porque allí tenemos electricidad, tenemos agua y además se hace una vigilancia de esta, así como de la fertirrigación de forma conjunta.

No obstante, no siempre puede ser así, requiere verlo con detenimiento y lo que se haga, tenerlo muy claro.

El acceso ha de ser bueno, que puedan entrar los camiones para descarga de producto de forma cómoda, en carril señalizado.

Es habitual en muchos casos, sitios inaccesibles donde, apenas llueve un poco, no se puede entrar en los mismos y sin señalización alguna.

La nave donde van los depósitos en su interior, bombas dosificadoras etc., debe ser amplia que haya comodidad y espacio suficiente y salida de emergencia, así como tener sistema antirrobo y grabación de seguridad de video y por supuesto muy venteada. La nave debe estar muy venteada, tanto a nivel alto, como junto al suelo y situada en terreno no encharcable, por ello lo mejor es que esté un poco elevada sobre el terreno.

En la nave, además de tener las bombas de agua de la instalación de goteo, tendremos los tanques, dispositivos de dosificación y espacio limpio suficiente o para ampliaciones o para tener en el mismo una serie de elementos que hacen falta, incluyendo almacén de producto fitosanitarios. Puede y debe ser el punto donde vayan los tractores con los atomizadores a cargar agua y los productos fitosanitarios que se vayan a utilizar por vía foliar ya que nuestra recomendación en cuanto a fertilización es toda por vía abono mezclado con agua de riego.

En el exterior colocar ducha de emergencia y lavaojos, para caso de cualquier accidente. Así como botón de alarma en puntos accesibles, conectado a sirena y a móviles que corresponda.

Es importante señales de peligro en el exterior y carteles en el interior plastificados con instrucciones de seguridad y de manejo de la instalación y extintores, aunque los abonos líquidos no arden. En general hay que ser muy precavidos en el manejo de los fertilizantes líquidos pero sobre todo con el ácido nítrico, que si toca productos orgánicos, gasoil, gasolina etc., puede explotar horriblemente.

Hay fincas más complejas que a lo mejor, en vez de una instalación de fertirrigación necesita dos por ejemplo, pero esto son ya pocos casos y más complejos, hay que procurar que cuando se diseñe una instalación para riego por goteo, se contemple el que se pueda estructurar todo desde un punto que es la caseta de bombas, lo cual puede ser algo más costoso pero necesario, lógico y operativo.

Por otro lado, el encargado responsable del día a día y que lleve el sistema, debe ser una persona muy preparada, que conozca bien la finca y la agricultura y como resolver los problemas de esta; y esto, con una persona eventual no cualificada para esa explotación, es tarea imposible. Teniendo que recibir información abundante y suficiente sobre su trabajo, así como otra persona alternativa que pueda sustituirlo en caso de enfermedad, vacaciones etc.

La capacidad de los tanques almacén y su número y volumen de cada uno, viene determinado por muchos factores, tal como ver los productos a consumir a lo largo del año y el consumo de cada uno de ellos, y el consumo por semana, tipos de productos a utilizar y su consumo igualmente por semana, distancia al proveedor de fertilizantes o proveedores de fertilizantes, y con todo ello hacer el diseño de la instalación.

Los fertilizantes no pueden mezclarse, hay algunos que sí, pero requiere tener las ideas muy claras y un conocimiento extenso para no caer en errores de mezcla que producen precipitados por reacción entre ellos. Para cambio de producto hay que lavar muy bien el tanque con agua, porque si no se hace, si hay incompatibilidad, el problema se produce por el solo hecho de contaminación de volumen irrelevante.

Es mejor un tanque para cada producto y tener en todo caso las compatibilidades de lo que allí se usa puesto en un letrero. Cada tanque debe tener un rótulo con el nombre del producto que contiene, aunque sea manual pero muy claro y grande.

Cada tanque debe tener una tubería de carga de diámetro no menor a dos pulgadas para que la descarga desde el camión sea rápida. Cada tubería debe llevar su motobomba de trasiego independiente, con cierre de seguridad y rotulada para que no haya equivocaciones en la descarga.

Cada tanque ha de llevar tubería de descarga y su bomba dosificadora.

Las tuberías han de ser de polietileno electrosoldadas, con la suportación adecuada y que si van sobre el suelo sean encajonadas y con celosía de protección de PVC.

Si no se es especialista en esta cuestión y se ponen tuberías rígidas de PVC, después vienen los problemas. La tubería de descarga del camión, es decir, la de carga de tanques almacén, de dos pulgadas.

La tubería de nítrico ha de ser de inoxidable y se ha de instalar específicamente para el ácido nítrico; no debe ir encajonada con las demás y ser de menos diámetro. Otros productos como los complejos líquidos ácidos atacan al inoxidable, por lo general.

Los tanques de abono líquido no necesitan filtro; ahora bien, la válvula de salida no debe ir a ras de suelo sino un par de centímetros por arriba para que no se apure el fondo y quede espacio para algunas decantaciones que puedan producirse con el tiempo y cada cuatro o cinco años proceder a su limpieza si fuese necesario.

Los tanques almacén, excepto el de nítrico, han de ser de polietileno virgen de alta densidad, mejor que el poliéster, son más prácticos, a no ser que sean de capacidad superior a 12.500 litros que actualmente para volúmenes superiores a este no se fabrican en polietileno y se lo hacen son a precios muy altos, si hay espacio en vez de tanques más grandes, pues poner mayor número de tanques de polietileno de 12.500. Los tanques de poliéster, han de ser todo el espesor de resina Atlas 382-05 o bien Derakane y no otras «igual, pero más barata, al ser un contratipo», ello nos ha causado terribles problemas, por ello preferible es el polietileno al poliéster. Los depósitos han de llevar su nivel, electrónico, y se refleja los mismos en una pantalla de mando.

Hay casos de algunas fincas que utilizan los tanques de polietileno virgen para el nítrico, nosotros lo desaconsejamos totalmente, tiene el producto una alta densidad y debido a su peso los tanques se deforman y están muy al límite su composición de lo que pueden aguantar, en fin que cada uno haga lo que quiera, pero lo correcto es acero inoxidable 304 (que es más barato que el 316 y 316L y para el nítrico aún más eficaz como dato curioso para este producto), con el tema nítrico no hay que suponer nada, pues las consecuencias de una mala instalación, pueden ser mortales.

Atención, los abonos líquidos tienen más densidad que el agua, por lo tanto, los tanques de poliéster, si se diseñan para productos de densidad uno que es el agua, lo normal es que revienten con más alta densidad.

De los tanques de poliéster, al comprarse, se ha de exigir un certificado del tipo de resina usado ya comentado y del espesor de las paredes y certificado de que todo el espesor de las paredes sea de las resinas recomendadas, no vale que solo sea la «barrera química interna», es decir, una sola capa interne mejor o peor dada.

En definitiva, adquiera siempre, aunque sea más caro, un tanque realizado con resina Atlas 382-05 o de Derakane y exija siempre el certificado de espesor de sus paredes. Los abonos líquidos tienen una densidad superior al agua, entre 1,2 y 1,4 g/cc, por tanto, los tanques han de ser fabricados con un margen de seguridad, para una densidad de 1,8 g/cc.

Los de polietileno, han de tener también gruesas paredes para que no se abomben ni se agrieten o revienten. Los de poliéster, si hay tanques a la intemperie puede ser motivo de cristalización de los abonos líquidos en épocas frías o por lo menos hay cierto riesgo

No podemos usar inoxidables para almacenar abono líquido. Esa manía de que los inoxidables son muy buenos no es válida para el abono líquido ya que los cloruros en medio ácido atacan fuertemente al inoxidable agujereándolo; también deterioran las bombas, los muelles y los resortes de las válvulas.

El basamento es fundamental, tiene que ser sobre superficie totalmente lisa, pulida, horizontal y superior a la base del tanque, con sus cubetos de acuerdo con las normativas vigentes y los mismos forrados interiormente de polietileno, antes de colocar los tanques en ellos. Los cubetos no se pueden hacer de cualquier manera, hay normativa al respecto.

Los tanques tienen que estar sobre una base muy fina y pulimentada, porque si en la base donde apoyan hay una pequeña piedra, no le quepa la menor duda que acabará rompiendo el tanque, tanto si es de poliéster como si es de polietileno; la superficie de apoyo ha de ser mayor que la de la base del tanque, porque si el tanque queda al aire, aunque sea en un pequeño porcentaje, es posible que el tanque se guillotine. La palabra tanque suena un poco fuerte, quizás sería mejor llamarle depósito que tiene connotaciones más débiles.

Es aconsejable tener los tanques bajo cubierta para proteger el fertilizante de las posibles bajas temperaturas invernales capaces de producir cristalizados. No emplear tanques de hierro, aluminio, bronce, latón y acero inoxidable (salvo para el nítrico).

Evidentemente cada tanque ha de tener su nivel electrónico, con alarma para cuando tiene un mínimo, y los niveles centrados en panel de sala de mandos. Para hacer pedidos de producto sin prisas ni agobios.

Con frecuencia, los instaladores de riegos dicen: «El abono líquido que te han suministrado es malo, porque ha hecho polvo la bomba, mientras que tu vecino la tiene como el primer día». Esto no es una verdad, la razón es que estará usando otros productos o bien la instalación que tiene es adecuada.

Los instaladores de riegos podrán saber mucho de agua de riego y de su distribución, pero suelen desconocer casi todo de los líquidos usados en fertirrigación. Los instaladores de plantas de riego han de conocer el tipo de fertilizantes a usar por su cliente; sólo de esta forma podrán realizar la instalación en condiciones ideales para el fin para el que se ponen. Pero esto no ocurre, salvo excepciones que desconocemos. Lo que si hemos visto es instalaciones de fertirrigación, muy costosas, no prácticas y no operativas desarrolladas por sesudas ingenierías lógicamente absolutamente inexpertas en este tema. Hay que ir a profesionales contrastados, que deben entregar una relación de las instalaciones efectuadas.

Los tanques de pequeño tamaño son antieconómicos. Tenga, pues, tanques con «capacidad libre útil» para poder comprar cantidades grandes que eviten viajes innecesarios que encarecen el producto e incluso para poder adquirir el producto cuando se encuentre en mejor precio o antes de una anunciada subida de este. El precio de los depósitos no es proporcional al volumen es decir, un depósito de 6.000 litros no vale la suma de dos tanques de 3.000 sino mucho menos.

Aparte de los complejos líquidos claros que se recomiendan para una determinada cosecha esperada por hectárea y a la vista de sus consumos, establecer almacenamiento de líquidos suficiente para que el mismo dure al menos una semana. Aparte de ello:

Un tanque para cóctel de microelementos.

Un tanque con agitador y parte superior sin tapa alguna para preparar algunas solucione que eventualmente pueda haber necesidad disolviendo algunos productos sólidos.

Tenga su plan de abonado, sus consumos mensuales y disponga de una instalación adecuada para tener un seguro almacenamiento en cuanto a suministro, por ejemplo una vez a la semana, en los momentos de más alta demanda de nutrientes por la plantación.

El plan de abonado que proponemos para el olivar no va en consonancia al número de árboles, sino al número de hectáreas. Nos explicamos, hemos de ver la cosecha obtenida en los últimos años, y partir de ahí, para el objetivo de una cosecha lógica por hectárea que nos parezca interesante, sobre este objetivo de producción de tantos kilos de aceituna por hectárea, hacemos el plan de abonado. Si nuestro objetivo posterior es más producción por hectárea, pues una subida proporcional de la dosis.

Las válvulas no deben ser de PVC, que en muchos casos se encasquillan y no se pueden abrir, sino han de ser de polipropileno reforzadas interiormente con fibra de vidrio y siempre con juntas de vitón o de teflón. Se ha de exigir en la compra un certificado de la válvula, de que está hecha y por supuesto certificado de composición de las juntas, de que han sido hechas.

De tener juntas inadecuadas, se han vaciado tanques enteros por ataque químico a las mismas; esto puede dar un grave problema, enorme si es ácido nítrico.

Las válvulas de polipropileno reforzadas con fibra de vidrio y juntas de teflón o vitón, suaves de manejo, son más caras, pero si ponemos válvulas de PVC, nos las encontraremos de muchos tipos algunos muy baratos, pero después no se pueden abrir de duras que se ponen y además pueden ser causa de ataques químicos sino tiene la calidad adecuada. Si por un pequeño ahorro ponemos válvulas inadecuadas, el gasto lo multiplicaremos por 100. Lo barato, si es inadecuado, es muy caro. «El dinero del mezquino anda dos veces el camino».

Las tuberías más recomendables son las de polietileno electrosoldado, para evitar los pegamentos que son sensibles a los abonos.

Hay muchos «especialistas en válvulas», pero si no saben de abonos líquidos y sus composiciones pues realmente no saben nada y no podemos confiar en ellos.

En definitiva, aunque le digan al empresario agrícola otra cosa, no se deje llevar por asesores que no tengan un alto nivel técnico y contrastado en el tema y que les enseñen ellos fincas donde ellos hayan hecho la instalación.

En este asunto los autores, sin duda es posible tengamos la mayor experiencia conocida a nivel internacional en el día de hoy. Y recomendamos Fertinova, como empresa especializada. Ahora bien, decida Usted lo que crea mejor, nosotros le aconsejamos lo que estimamos más adecuado.

La inyección de fertilizante debe hacerse después de los filtros, los complejos líquidos para fertirrigación son ácidos y por tanto no producen precipitados. La manía de poner filtros muy tupidos a los abonos líquidos, no tiene sentido alguno.

Si emplean abonos sólidos y disuelven, sí ha de llevar la tubería de salida del tanque un filtro, con cesta de cierta capacidad para que no se sature de forma rápida y además en sitio cómodo accesible para su limpieza sencilla.

Antes de la entrada de agua y después de la salida, deben estar instalados en ambos puntos las sondas de pH y conductividad.

Ya el sistema de dosificación, en una etapa inicial, con bombas dosificadoras automatizadas para la regulación del pH y conductividad.

Las bombas dosificadoras, ya lo hemos comentado, no pueden tener ninguna pieza inoxidable que esté en contacto con el abono líquido (salvo para el nítrico) ni tampoco deberá tener cloruros de polivinilo conocido como *nylon,* pues el abono se lo come. Los materiales que han de estar inevitablemente en contacto con el abono líquido deberán ser de polipropileno, PVC o polietileno. Y ojo porque muchos productos comentados tienen mucha carga inerte de caliza para abaratar su costo y evidentemente su calidad es mucho peor. Deben disponer de certificado porcentaje de carga de caliza en cada producto de plástico.

En definitiva, es un trabajo que necesita tiempo y que el empresario agricultor, junto al técnico estudien muy bien ello, pues es para «toda la vida» y un buen diseño le dará una tranquilidad infinita y una comodidad impresionante, facilitando enormemente el trabajo y la atención futura. Será feliz con la instalación.

Con el uso de fertilizantes líquidos se evita la obturación de los goteros. Por tanto, un cuidado menos a tener en cuenta. Si el gotero por otro uso esta obturado por sales (color blanco) se trata con ácido nítrico; si la obturación ha tenido lugar por algas (color negro) se trata con lejía (hipoclorito sódico).

Los abonos líquidos son soluciones estables al borde de la saturación mediante equilibrios químicos muy estudiados; si se mezclan, aunque sean en pequeñísimas cantidades, se rompe el equilibrio. Por este motivo es necesario el lavado de los tanques, de la tubería y de la bomba de descarga en los cambios de producto, salvo que sean compatibles.

El ácido nítrico es un producto bastante peligroso que nunca hemos de guardar en tanques de polietileno ni de resina, pues aquél provocará su rotura. El ácido nítrico ha de ser siempre envasado en tanques de inoxidable tipo AISI 304, más barato y apropiado que los AISI 316 y 316L. Hay quien recomienda estos dos últimos sin saber. Son más caros y suponen que van mejor, pero no es así. Concretamente, para el nítrico, su material idóneo es el inox. 304

El ácido nítrico puede provocar serias quemaduras en la piel; pero lo más peligroso es que puede explosionar si se pone en contacto con materia orgánica.

Su almacenaje y uso en el campo ha de hacerse con todas las garantías necesarias. Disponer de un tanque inoxidable, tener válvulas inoxidables y juntas de vitón o teflón (nunca otras). Los tanques han de estar dentro de un cubeto forrado de láminas de polietileno, y esta cubierta no ha de tener ninguna tubería ni cualquier otra cosa que atraviese su pared. Hemos de situarlo lejos del gasoil, de los aceites y de cualquier otra materia orgánica, y como puede producir vapores nitrosos (que son tóxicos), el lugar donde esté emplazado el tanque de ácido nítrico ha de tener una buena ventilación, tanto a nivel del suelo como en el techo.

Tratamiento con hipoclorito: cuando hay problemas de obturación de goteros por materias orgánicas, hay que proceder con hipoclorito, que ataca a los mismos y limpia los goteros. La cal y los sólidos los quitamos de las tuberías con nítrico.

Pero si esto hay que hacerlo, es mejor en su momento recurrir a especialista en esta cuestión. El hipoclorito que tiene pH=14 es muy peligroso si toma contacto con algún acido, aunque sea en pequeña cantidad tal como NPK ácidos y no queremos ni imaginar con nítrico, porque sería cambiarle el pH del hipoclorito de forma inmediatísima y saldría el gas cloro de la masa líquida, pudiendo ocurrir un accidente terrible humano que seguramente costaría la vida al que estuviese cerca.

Se ha creado hace años una empresa exclusiva para este tema que es Fertinova, del Grupo Herogra, que le recomendamos. Nosotros hablamos con sinceridad profesional, evidentemente Usted haga lo que estime, estamos en un mundo libre.

https://fertinova.es/

7. No queremos que este sea «otro libro», sino «el libro», y vamos a dejar algunos conceptos claros y nítidos. Si no le convencemos, no se preocupe, ya lo sabemos de antemano, pero decimos lo que es y usted, por supuesto, haga lo que quiera

— Evidentemente todo debe ser muy sencillo y automatizado, lo más cómodo posible, y esto es claro y no vamos a discutir qué es usar abonos líquidos.

— Es muy claro que el fertilizante ha de ir siempre mezclado con el agua, esto no tiene vuelta de hoja, ni alternativa lógica.

— Es elemental que la dosis prevista se fraccione y que no haya ningún riego solo con agua, siempre ha de llevar fertilizante, y no se asuste, no vamos a arruinarlo, ni pretendemos venderle. Es otro concepto claro.

— Partimos de un concepto y es que los nutrientes los toma la planta de la zona húmeda y no de la seca, es decir, del bulbo mojado, desde donde se desarrolla la actividad de la alimentación del vegetal; así lo permite el control de pH de la zona regada y el suministro de nutrientes de forma equilibrada y suficiente, cuidando por tanto de que en la zona mojada no falten dichos nutrientes y se produzcan colapsos o bien necesidades no satisfechas del vegetal, donde hay «tirones», de acuerdo con las temperaturas y con el desarrollo fisiológico del olivo.

— Hemos de considerar y tener claro que, para una buena cosecha, es necesaria la alimentación equilibrada. Si faltan a la misma uno o varios elementos nutritivos de los doce necesarios (aparte de agua y aire como fundamentales), las plantas tienen trastornos e inhibiciones que les impiden desarrollarse en plenitud, pasando factura en obtener una menor producción la carencia de algún elemento. La alimentación ha de ser absolutamente equilibrada. Y, por ejemplo, la carencia de un microelemento no es un tema opcional y repercute ampliamente en la producción.

— La regulación del pH del agua a los niveles adecuados para obtener el agua del bulbo a 6,5 (al añadir el agua al suelo cambia el pH por interacción de este), es más que fundamental, así como desde luego la conductividad. Si el pH es alto hay una serie de nutrientes que quedan insolubilizados por el suelo y que la planta por consiguiente no puede tomar y si la conductividad es muy alta, las sales del agua del suelo al ser muchas la planta no puede absorberlas y se bloquea.

8. Solo pretendemos que usted aumente su producción de aceite y que, teniendo en cuenta el gasto del programa de fertilizantes, le salga el beneficio por hectárea lo más alto posible. Ante todo, obviamente, buscar la rentabilidad

— Pensamos que un riego por goteo y una producción ecológica es incompatible, sencillamente porque hemos instalado riego por goteo para sacar la mayor producción posible, entonces es un contrasentido no abonar con criterios de fertilizantes en fertirrigación, sí que cabe en riego por goteo la Producción Integrada.

— Los criterios de alimentación vegetal y nutrición en fertirrigación son criterios técnicos, es como en personas el criterio de un médico nutricionista para un atleta que queremos gane la competición, por tanto, aunque su puesta en práctica cueste sacrificio para el empresario agrícola, si no tiene una profunda formación química y agronómica, no debe modelar el abonado a lo que estime sin fundamento técnico alguno. Suponer es la forma de equivocarse, abonado por suposición

— Es fundamental tener una instalación de abonado líquido en la finca adecuada y bien preparada, si ello no es así, desde luego por su problemática y trabajo, se dejará de abonar correctamente y no habrá constancia y persistencia y no se hará nada.

9. Tenga claro que todos los años debe hacer análisis del agua y cada dos años del suelo. Mediante sondas de succión, se ha de saber lo que tiene la solución nutritiva para añadir lo que corresponda para situar el agua con la riqueza de nutrientes adecuada. La alimentación del olivo ha de ser continua

- Para conocer la situación alimenticia de un árbol hemos de realizar el análisis del suelo no mojado por el gotero, esencial para así conocer el mismo y nos aportara muchos datos de tipo general, este análisis hacerlo cada cinco años.
- Análisis de suelo mojado, que es donde van los nutrientes que aportamos, este análisis hacerlo cada tres años.

Podemos detectar la falta de un nutriente en la planta y encontrarlo en cantidad suficiente en el suelo, la razón no es otra que este se encuentra bloqueado; por este motivo lo ideal es estudiar la posible toxicidad de las sales de cloro, sodio, boro y bases en el suelo.

- Análisis del agua del suelo mojado (solución nutritiva). Para ello, en algunos árboles, en el bulbo regado hemos de instalar sondas clavadas en este de forma permanente y a lo largo del año extrayendo muestras de la solución nutritiva para su análisis, las sondas deben ser representativas de sectores que se puedan abonar independientemente.

- Cada dos años análisis del agua de riego antes de inyectar abono, siempre es recomendable para ver posibles cambios.
- Análisis de las hojas todos los años. La recogida de las hojas se realizará durante el mes de julio, un mes de alta actividad en el árbol y por consiguiente cuando mejor se pueden detectar las carencias; otro motivo para hacerlo en el mes de julio es porque los umbrales de diferencias que utilizamos están calibrados en este mes.

Las hojas por recoger han de ser de este año y estar completamente desarrolladas, por este motivo las tomaremos de la porción más proximal del nuevo brote. La recogida la haremos por parcelas, tomando las hojas de 50 olivos de cada parcela; 4 hojas de cada olivo.

Antes de su estudio las hojas han de ser lavadas para evitar contaminaciones. En cada muestra analizaremos el nitrógeno, fósforo, potasio, calcio, magnesio, boro, cinc, manganeso, cobre y boro.

Una vez obtenidos los resultados para su interpretación veremos los niveles críticos de Freeman. Los niveles críticos adecuados son los siguientes:

- Nitrógeno en % entre 1,5 y 2
- Fósforo en % mayor de 0,08
- Potasio en % mayor de 0,8
- Calcio en % mayor de 1

- Magnesio en % mayor de 0,10
- Manganeso (ppm) mayor de 0,20
- Cinc (ppm) mayor de 10
- Cobre (ppm) mayor de 4
- Boro (ppm) entre 19 y 150
- Sodio en % menor de 0,20
- El hierro foliar no tiene valor alguno

— Análisis de savia: En los últimos años se ha desarrollado mucho esta técnica alternativa a los clásicos análisis foliares. Nos da información mucho más precisa del estado nutritivo en que se encuentra el olivo. El análisis foliar se puede considerar como el histórico de lo que ha ocurrido en el árbol desde el año pasado, mientras que el análisis de savia nos dice cómo está el olivo en ese momento. El profesor de la Universidad Autónoma Carlos Cadahía le ha dedicado muchos años a este asunto y ha desarrollado niveles de referencia que, aunque muy específicos de zonas concretas, se pueden utilizar para distintas variedades y zonas.

Otra ventaja de los análisis de savia es que se pueden realizar en cualquier momento del año, no tiene por qué ser en el mes de julio.

Una reflexión: Los análisis comentados han bajado de precio de forma muy significativa, debe tener un laboratorio, un proveedor independiente de garantía, que además le lleve el historial

Hoy día no es como antes, lo mismo que los análisis de sangre se hacen de forma instantánea, mediante maquinas especiales de rayos lo mismo ocurre con los que estamos comentando, la tecnología se ha desarrollado de forma descomunal y hoy los análisis los hacen las máquinas de forma rápida y más precisa que la manual.

10. Por favor, tenga las ideas claras, no se deje influenciar demasiado e influya usted en los demás

Sea constante por favor. Creemos que el problema es que el responsable del abonado en riego por goteo de una explotación agrícola no sabe bien (es decir, no sabe) lo que hay que hacer al no tener una preparación sobre el tema adecuada, pues recurre a otros empresarios agrícolas para preguntarle, pero estos empresarios aunque crean que saben, tampoco saben. Como el que pregunta, sabe que aquellos no saben, también lógicamente pregunta a profesionales, los cuales generalmente trabajan en empresas de suministros agrícolas por ejemplo y obviamente lo que saben es recomendar sus productos y dosis, que es lo que le han enseñado y visto, pero no tienen una formación técnica de la fertilización en riego por goteo, con lo cual las indicaciones al agricultor lo más normal es que este ante sus dudas no la aplique. Evidentemente hay excepciones.

La formación de los técnicos agrícolas en fertirrigación es muy superficial, para este importante tema, actualmente nos consta que no ha cambiado la situación. Los estudios de Perito Agrícola era una asignatura cuatrimestral, es decir, que duraba cuatro meses, y en esto se necesitan años, para conocer a fondo el tema donde la práctica, asistir a convenciones etc., tiene una importancia destacada.

Bueno, esto es lo que hemos visto y estamos viendo y, como sabemos lo que hay que hacer por ser especialistas en nutrición vegetal en general pero del olivo en particular, redactamos este libro, por lo menos es una forma de dejar tranquilas nuestras conciencias, reflejando y escribiendo de forma clara y sencilla nuestras principales conclusiones, en un asunto de repercusión económica enorme. Y que está sin resolver, sencillamente por la falta de especialistas.

- El olivar en riego por goteo se abona de forma primitiva (cuando se hace), no técnica, pues evidentemente no hay demanda por parte de los empresarios agrícolas de técnicos independientes especializados, consecuencia de ello no hay o hay poquísimos técnicos especializados. Es la pescadilla que se muerde la cola
- En definitiva, que hay que estudiar el tema a fondo, estudiar este libro a fondo, leyendo y releyendo como punto de partida, algo así como la Biblia del abonado del olivar en riego, no tenemos ningún otro interés en el tema solo de exponer nuestras conclusiones para cuando nos vayamos al otro mundo, (uno de los autores por edad lo tiene cerca), al menos queda el interés de no haberse llevado y perdido lo aprendido.

Este libro es mucho más importante de lo que Usted supone.

11. Vamos a ver lo que un kilo de cosecha de aceituna extrae del suelo y después, para una cosecha esperada de tantos kilos, deducimos los nutrientes que se requieren

Las plantas, y el olivo como tal, para construir sus tejidos y para poder crecer y desarrollarse plenamente, necesitan de una serie de elementos nutritivos totalmente indispensables; estos elementos los va a tomar el olivo del suelo, de la atmósfera y del agua.

De la atmósfera toma oxígeno y carbono en forma de CO_2, que a través de su función clorofílica pasarán a formar los glúcidos (glucósidos e hidratos de carbono); del agua toma hidrógeno y oxígeno; y del suelo toma la mayor parte de los restantes elementos nutritivos.

De los más de 100 elementos simples que se conocen, solo una ínfima parte integran el mundo vegetal; es decir, son muy pocos de estos 100 elementos los que vamos a encontrar en el mundo de las plantas.

Si analizamos un vegetal sólo vamos a encontrar 15 elementos simples, sin contar los que conocemos como elementos vestigiales, que nos producen cierto desconcierto. Desconocemos en qué cultivos se encuentran, no está muy clara su utilidad; pero esto es para nota.

A mayor número de elementos sería más complejo la nutrición de una planta; queremos decir que, si en lugar de encontrar

15 elementos hubiera en el mundo vegetal 50 elementos, la fertilización de una planta sería complejísima. La naturaleza es sabia.

Los elementos que integran una planta se pueden dividir en cinco grupos:

- Elementos básicos de gran volumen
- Elementos base de la fertilización primarios
- Elementos secundarios
- Microelementos
- Elementos vestigiales

Veamos cuáles son los componentes de cada uno de los grupos:

Los elementos básicos de gran volumen son:

- Carbono
- Oxígeno
- Hidrógeno

Los <u>elementos base</u> de la fertilización primarios son:

- Nitrógeno
- Fósforo
- Potasio

Los elementos que hemos llamado secundarios son:

- Calcio
- Magnesio
- Azufre

Los microelementos no son otros que:

- Boro
- Cobre
- Hierro
- Manganeso
- Molibdeno
- Cinc

Y los elementos conocidos como vestigiales, es decir, aquellos que sólo se han detectado indicios de su presencia en algunas especies vegetales, a los que no contabilizamos como nutrientes, no los tenemos en consideración por lo expresado y ni los mencionamos por no complicar y no entrar ya en afinamientos extremos que no se utilizan a nivel internacional para no entrar en ello.

La composición media de los vegetales, en tanto por ciento de materia seca, (sin agua) en relación a los principales nutrientes es la siguiente:

- Carbono (C) 43 %
- Oxígeno (O) 45 %

- Hidrógeno (H) 7 %
- Nitrógeno (N) 1.5 %
- Fósforo (P) 0,3 %
- Potasio (K) 0.5 %
- Calcio (Ca) 1,1 %
- Magnesio (Mg) 0,2 %
- Azufre (S) 0,4 %.
- Microelementos (total) 1 %

Todos y cada uno de estos elementos nutritivos va a jugar un determinado y complejo papel en la relación que siempre existe entre una planta y el suelo donde se desarrolla.

Por suerte, no hemos de preocuparnos de los elementos que suponen el mayor volumen, los elementos básicos (carbono, oxígeno e hidrógeno y que supone el 95 % del peso total del vegetal), ya que la planta los toma del aire y del agua. Así, pues, podemos decir que el agua, además de ser un vehículo, es un nutriente importante para la planta, por tanto, al regar ya hemos empezado a nutrir a la planta, aunque esto sea insuficiente.

El aire con el carbono que tiene el mismo, no hemos de preocuparnos. Del agua si y mucho, porque es nutriente, porque como tal agua forma parte del vegetal, y sobre todo porque aspira por las raíces y transpira por el envés de las hojas grandes volúmenes. Si no tenemos agua en la mínima necesaria pues sencillamente estamos perdidos.

Las cantidades de nitrógeno, fósforo y potasio que el olivo extrae en un año por cada 1000 kilos de aceituna pueden diferir un poco según la bibliografía que se consulte, nosotros consideraremos:

- 15 kg de nitrógeno (N)
- 4 kg de fósforo (P2O5)
- 15 kg de potasio (K2O)

Si se estima una producción media de 50 kilos de aceitunas por olivo, se extraen los siguientes nutrientes:

- 0,75 kg de nitrógeno
- 0,20 kg de P2O5
- 0,75 kg de K2O

Bien, aquí ha de pensar usted, en la cosecha que estima puede obtener como razonable de aceituna, de acuerdo con el marco de plantación, años del olivo, etc.

Esto son cuentas que debe hacer Usted; vamos a poner un ejemplo, que su objetivo es 8.000 kilos de aceituna por hectárea, atención es meramente un ejemplo, podemos poner esta cifra a título de ejemplo o cualquier otra. Las extracciones por Ha serían:

- 120 kilos de N (nitrógeno)
- 32 kilos de P205 (fósforo)
- 120 kilos de K2O (potasio)

Esto si teóricamente (no es así en la práctica) se emplease un solo tipo de formula a lo largo de todo el cultivo serían 1.000 kilos por hectárea del complejo líquido 12-3-12, suponiendo que esta fórmula se fabrique en complejos líquidos.

Creemos conveniente recordar igualmente la actividad vegetativa del olivo a lo largo de todo el año y a modo de resumen diremos que:

- El árbol se encuentra en reposo vegetativo de diciembre a febrero, periodo que debemos de disminuir (adelantando la maduración y no alargando de forma innecesaria la recogida), para que el árbol disponga del mayor tiempo posible de recuperación.
- De febrero a marzo (o antes si así lo hemos podido hacer) tiene lugar la diferenciación de yemas, en yemas de flor y de brotación vegetativa, trama del olivo (en esta época es en la que árbol demanda mayor cantidad de fósforo).
- La floración y el desarrollo de las ramas tiene lugar entre abril y mayo.
- La fecundación y cuajado del fruto, desarrollo de las armas y de las hojas, tiene lugar durante los meses de mayo y junio; el árbol demanda mayor cantidad de nitrógeno y aún requiere cantidades de fósforo grandes.
- El engorde del fruto y desarrollo del hueso y fin del desarrollo vegetativo ocurre entre los meses de junio a septiembre.

- En octubre tiene lugar la maduración del fruto y por tanto la mayor demanda de potasio.

Pero bueno, las unidades expresadas por hectárea y año, ya con ellas se hace un calendario por meses, un plan de abonado.

Al final de año la suma de las diferentes fórmulas utilizadas tiene que dar las unidades de 120-32-120 ya reseñadas, independientemente de que sea el cultivo tradicional, intensivo o superintensivo ya que los nutrientes lo estimamos por la producción esperada. Y la formula se va cambiando de acuerdo con los requerimientos fisiológicos, es decir, un tiempo más alta en potasio, otro más alta en nitrógeno, pero esto lo veremos más adelante.

Evidentemente en riego por goteo, el abono se utiliza todo mezclado con el agua, en dicho riego, no en aplicación foliar, todo en agua de riego menos lo que sea recomendable por vía foliar de lo cual hablaremos.

De elementos secundarios y microelementos nos ocuparemos más adelante, así como de la receta en cuento a formula cada mes a dividir la misma entre todos los riegos.

12. Hablemos del nitrógeno

El nitrógeno es el elemento más importante, sin duda alguna, en la fertilización del olivo, es así, pero de ahí a que sea el único que se utiliza en numerosos casos y en forma sólida repartido sobre el terreno, es otra historia.

El nitrógeno produce una rápida reacción del árbol, acelerando la actividad vegetativa y el desarrollo de la planta. Pero el olivo como cualquier otro cultivo necesita una nutrición adecuada.

El nitrógeno forma parte de las proteínas, estando presente en los núcleos de las células, siendo fundamental para el crecimiento de los tejidos. Aumenta la cantidad de clorofila y la capacidad de asimilación de otros nutrientes. Es el promotor de la reproducción celular, por lo que es imprescindible en todas las fases de crecimiento, en especial desde la brotación hasta el endurecimiento del hueso.

Un exceso de nitrógeno puede provocar una disminución de la producción, una mayor sensibilidad a enfermedades y un retraso de la maduración, pero estamos lejos de ello, en general se abona por árbol muy por debajo de estos límites.

Una deficiencia en este nutriente puede provocar una reducción del número de frutos por árbol, un tamaño pequeño de las aceitunas, una maduración excesivamente temprana y acentuar la caída prematura de frutos

Los fertilizantes aportan el nitrógeno al suelo en las formas ureica, amoniacal y nítrica. Cuando se aplican al suelo fertilizantes con formas ureicas y amoniacales se produce una rápida transformación a formas nítricas por la acción de las bacterias del género nitrosomonas, proceso conocido como nitrificación.

En forma nítrica el nitrógeno es absorbido por la planta, pero tiene una elevada solubilidad y movilidad en el suelo, por lo que es susceptible de ser lixiviado a capas profundas de suelo fuera del alcance de las raíces.

Es en definitiva poco estable en el suelo, no está mucho tiempo en el mismo y es un elemento contaminante del agua, por tanto, hemos de tener una serie de cuidados. Iremos viendo ello.

A veces se habla de abonado excesivos del olivar, esto no tiene sentido, los fertilizantes son suficientemente altos de precio para no hacer tonterías. Quizás se refiera a que, si se aplica solo nitrógeno, pero faltan los demás elementos, en alta medida la planta no lo va a aprovechar debidamente, lo que hace en ese caso es aumentar la sensibilidad a las heladas del olivar, no mejora la calidad del aceite ni la producción por aplicar más; en definitiva, hay que fertilizar con nutrientes de forma equilibradas y no solo con nitrógeno, ni mucho menos. La planta como el hombre necesita una dieta equilibrada, ello es fundamental, queramos o no.

En suelos calizos, como es habitual en las zonas olivareras de nuestro país, las aplicaciones superficiales en parte reaccionan con el suelo y pasan a la atmósfera.

Es bastante conocido el problema con la urea y la pérdida del nitrógeno de esta que se marcha a la atmósfera y en general todos los nitrogenados que se aplican sobre el suelo, se pierden en el aire, se pierde dinero y se contamina la misma. Por este motivo, han surgido nuevos tipos de fertilizantes que inhiben la transformación hasta nitrógeno nítrico, como por ejemplo la gama NEO de HEROGRA con la mayoría del nitrógeno en forma ureica, con inhibidores de la ureasa.

El nitrógeno ureico se transforma en nitrógeno amoniacal por acción de una enzima que se llama Ureasa, en forma ureica baja con el agua, no queda retenido en el suelo. En forma amoniacal si queda retenido.

El nitrógeno nítrico tiene una carga negativa y por tanto no se queda retenido en el complejo húmico arcilloso del suelo, así que el que no sea absorbido por la planta se lixiviará hacia las capas más profundas e inaccesibles para el olivo y contamina el agua subterránea.

La tendencia con los abonos nitrogenados es añadir un inhibidor que haga el proceso de transformación más lento de manera que el nitrógeno se mantenga más tiempo en el suelo, de esa manera el olivo tendrá más tiempo de alimentarse. Se puede inhibir el paso de forma ureica a amoniacal o bien el paso de amoniacal a nítrica o con los dos inhibidores en los dos pasos.

Lo que hace el inhibidor es «engañar» a la enzima haciéndole creer que es urea para que se una a ella y no pueda actuar la ureasa sobre la urea, en cierto tiempo. Hay que tener en cuenta lo que son realmente «inhibidores» y otras cosas que es aleatorio que lo sean; hay que ir a lo reconocido oficialmente como tales.

Los complejos líquidos ácidos inyectados no necesitan que el nitrógeno vaya inhibido. Además, los inhibidores usados, no son compatibles con el pH ácido de estos fertilizantes. Por otra parte, con el riego por goteo, ya se dosifica la cantidad de nitrógeno que se aporta. Los inhibidores tiene mucho sentido utilizarlos en los fertilizantes sólidos.

Pensamos que lo lógico es un abonado racional, coherente y de acuerdo con los conocimientos de hoy, y es el que estimamos en estas páginas, donde no nos limitamos a dar la receta, sino a explicar sus causas razonadas.

Foto 12.1. Deficiencia de nitrógeno.
Fuente: https://oliviculturadeprecision.com/2020/02/19/deficiencias-visuales-por-nitrógeno/

El nitrógeno existe en la naturaleza en forma de gas (N_2, N_2O —óxido nitroso—, NH3 —amoniaco—), en forma iónica bien como nitrato (NO_3^-) y como amonio (NH_4^+), en forma orgánica como es la urea ($CO(NH_2)_2$), y el nitrógeno del humus.

Las plantas absorben el nitrógeno en su forma iónica, es decir, en forma de nitrato y amonio. Los nitratos son solubles en el agua y además no son fijados por el suelo. En el suelo por acción de las nitrosomonas y de las nitrobacterias tiene lugar la nitrificación, en la cual el amonio pasa a óxido nitroso (NO_2) y éste a nitrato (NO_3^-). En este proceso de nitrificación influyen las propiedades del suelo, es decir, la humedad, la aireación, la temperatura, el pH. Pequeñas dosis de abono aumentan la nitrificación mientras que dosis altas la frenan; un pH relativamente bajo favorece la nitrificación, mientras que el frío y el exceso de agua lo frenan.

El resultado de la nitrificación es el nitrato (NO_3^-), que además de ser utilizado por la planta, puede ser empleado por los microorganismos, se puede perder parte de él por el lavado.

Sabidas estas ideas generales sobre la fertilización nitrogenada podemos decir:

- El exceso de nitrógeno es malo para el olivar pues lo hace más sensible a las heladas a las enfermedades y a las plagas.
- La excesiva movilidad del nitrógeno en el suelo, al no estar fijo, permite que sea transportado lejos de las raíces.
- Es difícil saber cuánto nitrógeno se está poniendo a disposición de la planta.
- Hemos de dar el nitrógeno de forma fraccionada con lo que evitamos la mejor adaptación al olivo y evitamos las pérdidas por lavado.
- Somos partidarios de aportar nitrato de calcio al olivar pues el calcio mejora la maduración, la adelanta, con lo que evitamos las temibles heladas y sobre todo logramos adelantar la recogida del fruto, con lo que conseguimos que la planta disponga de mayor tiempo para reponerse. Sin embargo, no se utiliza nada.
- La aportación de calcio también la consideramos necesaria cuando tenemos agua de mala calidad o suelos que se han sodificado (cargado de sodio) por el uso de esa agua mala. El calcio desplaza al sodio del suelo y mejora con el tiem-

po la estructura del suelo. En estos suelos, la aportación de nitrato cálcico cumple dos funciones, por una parte, el cambio mencionado del calcio por el sodio, y por otra aumentamos la concentración de nitratos evitando que el olivo tome cloruros. Los iones nitrato y cloruros son primos hermanos ya que son muy parecidos en tamaño y ambos tienen una carga negativa; a igual concentración en el suelo, el olivo tiende a tomar cloruros. De ahí que si aumentamos la concentración de nitratos (un poco más de la dosis que determinemos en el plan de abonado), estos desplazaran a los cloruros evitando su absorción.

Así que el uso del nitrato cálcico en aguas y suelos salinos lo consideramos una herramienta necesaria.

De todas formas, no se hace nada con el nitrato de calcio en el olivar, debido al fuerte contenido en calcio de nuestros suelos, pero habremos de tenerlo en cuenta. ¿Es soluble el calcio del suelo?, ¿tiene la planta disponibilidad suficiente? Seguramente sí, de sobra, pero habría que ir probando el calcio en el olivar, pues en provincias con larga tradición en fertirrigación, como Almería, Murcia y Alicante, el calcio es un fertilizante típico en este sistema de riego, pese a sus suelos muy calizos.

13. Hablemos del fósforo

El fósforo es un elemento imprescindible para la vida de los vegetales, interviniendo en la división celular y el desarrollo de los tejidos meristemáticos. Además, está implicado en el transporte de la energía captada de la fotosíntesis.

Se suele decir que «el fósforo en el olivar no sirve, no vale para nada». Bueno, en esto, aunque el producto sirve, y mucho, el suelo calizo lo bloquea y lo hace insoluble, lo cual es otra cosa.

La unidad fertilizante de Fósforo, en vez de expresarla en este elemento (P), se hace en P_2O_5 (anhídrido fosfórico o también llamado pentóxido de fósforo); esto es difícil de comprender. Todo un lío por errores de antaño, al no estar los conocimientos al día, hace que el producto en vez de expresar su riqueza en fósforo se expresa como si fuese P_2O_5, un compuesto que no existe. Pero bueno, cambiarlo a nivel mundial sería más que complicado y se prefiere continuar con el formato actual, que no corresponde con la riqueza real de este elemento, sino bastante menos. En la industria y en la agricultura el contenido de fósforo de los fertilizantes fosfatados se mide bajo la forma de P2O5. Este contiene un 44 % de riqueza en fósforo (P); por lo tanto: Riqueza en P2O5 x 0.44 = Riqueza en P.

En riego por goteo, tenemos una ventaja fundamental al llevar el agua disuelto los fertilizantes, pues tienen que ser forzosamente solubles, evidentemente los nutrientes han de ser solubles porque «las plantas no comen, beben» (frase acuñada por José Luis Sánchez-Garrido y Reyes).

Con la fertirrigación, tenemos otra ventaja descomunal, que, al regular el pH del suelo en la zona mojada que es donde la planta se nutre a 6,5, pues no hay bloqueos del fósforo y es el medio mejor para que sea absorbido y no retrogradado y bloqueado en el suelo.

Si conviene dar algunas pequeñas ideas sobre el fósforo que afectan a los secanos, pero no al riego por goteo, donde los fertilizantes aplicados mezclados con agua son solubles.

Hay que tener cuidado con la palabra de moda «natural», pues este concepto da lugar a interpretación engañosa.

El fosfato «natural» es, efectivamente, «natural», es el fosfato roca totalmente insoluble al agua, es el de los huesos y aunque se deshagan, dicho polvo es insoluble y la planta no lo puede tomar.

El fosfato de roca es el polvo insoluble de huesos de animales acumulados durante millones de años, por ello es constante la aparición de restos fósiles en las minas. Este producto la planta no puede tomarlo. Se dice que, en suelos muy ácidos, esta acidez va descomponiendo el fosfato roca poco a poco, lo va atacando y haciendo asimilable, pero en España más del 90 % de los suelos son básicos o alcalinos, es decir, calizos o de pH alto, son diferentes nombres para el mismo suelo, y los ácidos en España son suelos raros.

Aplicar fosfato natural, que es insoluble al agua, en un suelo de pH alto, pues ya sabemos que jamás va a ser atacado o solubilizado en este tipo de suelos. No sirve para nada, aunque digan que va muy bien, ello es imposible, no puede ir de ninguna manera.

En esto hay una tremenda confusión, no solo en España sino a nivel mundial. Entonces en vez de decir que el fosfato tricálcico es insoluble, pues se dice que es «soluble en ácidos orgánicos»; el agricultor lo lee y no se entera de nada, porqué en suelos de pH alto no hay para nada ácidos orgánicos, sino lo contrario a los ácidos, que son las bases o álcalis.

Bueno, al leer «soluble en ácidos orgánicos», el agricultor puede entender que es soluble o así se lo explica una persona mal ilustrada.

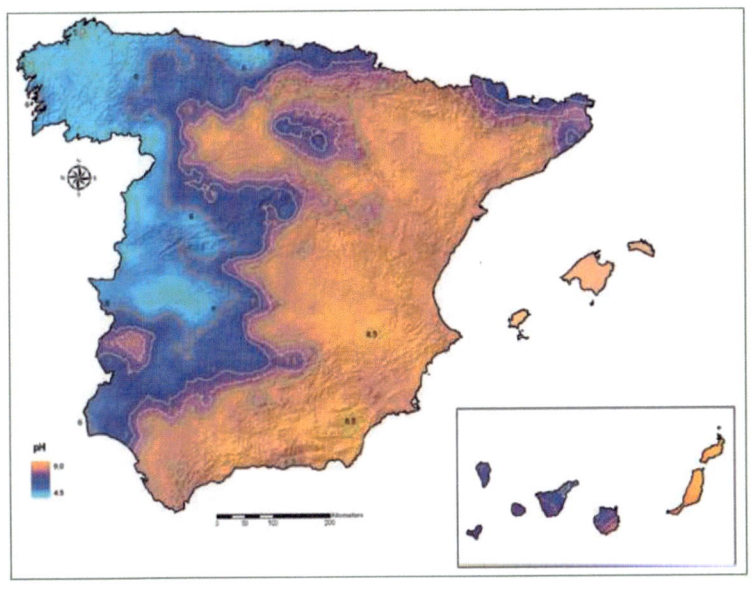

Fuente: INIA (2009)

Imagen 13.1. pH, terrenos en España.

En la imagen, cuanto más azulado más ácido y cuanto más pardo, más alcalino.

Hay quien incluso publicita el fosfato natural como de «alimentación retardada»; y tanto, porque puede que para que una planta lo tome tengan que pasar muchísimos siglos en suelos calizos, efectivamente es superretardado.

Hay otro producto conteniendo fósforo que es el fosfato bicálcico que ya no es «natural», es de un ataque químico industrial; ahora bien, este producto tampoco es soluble al agua, pero es mucho más fácil de solubilizar que el fosfato roca, bueno entonces se expresa como fósforo soluble en citrato amónico neutro; no hay citrato en el suelo calizo ni ningún otro ácido; entonces este tampoco lo puede tomar. Sr. olivarero, sus suelos son generalmente, en su inmensa mayoría, de pH alto, tiene que fijarse solo en el contenido en fósforo soluble al agua, el resto no le sirve. Téngalo claro.

En fin, no sabemos si el lector en estas líneas nos puede seguir o no, si no nos puede seguir lo entendemos, a nosotros nos ha costado años comprenderlo.

En las etiquetas se indica el porcentaje soluble en agua y el tanto por ciento soluble en citrato amónico neutro y al agua (por diferencia entre uno y otro conocemos el % soluble en citrato amónico neutro).

Esto es otro lío porque resulta que, para saber el fósforo soluble en citrato, tenemos que ver el porcentaje soluble en citrato y al agua, y restar el soluble al agua. Y lo mismo en el caso de soluble a los ácidos orgánicos, hay que restarle lo soluble al agua y citrato. Confusión tras confusión y esto no es culpa de los fabricantes sino de las normativas vigentes, que son las de la Unión Europea y las de España

Hay publicidad tendenciosa: «Todo el fósforo es soluble». Hay que preguntar soluble en qué. ¿En el agua, en citrato amónico o en ácidos minerales? A nosotros en suelos calizos solo nos interesa el soluble en agua.

En fin, no fiarse de palabras ni de folletos, sino de hoja de especificaciones, que ha de hacerse de acuerdo con la legislación vigente y saber interpretarla, que no es fácil, lo más sencillo es que usted, para ver si un producto es soluble o no, añada el contenido de una cucharita de café a un vaso de agua y agítelo y vea si se disuelve o no. Lo demás son historias.

Ha de tener el fósforo solubilidad al agua, si no la tiene y tiene un 50 % de P205 (forma de expresar el contenido en fósforo, cómo pentóxido de fósforo) soluble al agua, pues estamos en la práctica añadiendo la mitad del fertilizante. En los líquidos obviamente todo el fósforo es soluble al agua, esto es un factor muy esencial a la hora de hacer cuentas y cálculos.

Evidentemente los cristalinos solubles, tienen todo el fósforo soluble al agua, si no lo fuese se iría al fondo de la disolución. Tenemos el MAP cristalino 12-60-0 (según el fabricante puede ser incluso 12-61-0) y el MKP (fosfato mono potásico) 0-52-34, como abonos simples aparte de los NPK cristalinos.

De todas formas, esto es mera información, los líquidos ácidos, no tienen discusión en fertirrigación, creemos que ya a estas alturas entrar a analizar las causas, pues no tiene mucho sentido, esto sería en su momento de iniciarse en el mercado, hoy la pregunta sería, al contrario:

¿Por qué utilizar en fertirrigación sólidos solubles, teniendo los líquidos?

Foto 13.2. Ramas con hojas de coloración rojiza debido a la carencia de fósforo.
Fuente: Enfermedades y plagas del olivo. *Faustino de Andrés Cantero.*

El fósforo es un componente esencial para toda materia viva, y un olivo, como tal ser vivo, es rico en fósforo y en sus necesidades. Los requerimientos de fósforo de una planta van paralelos a los de nitrógeno. El fósforo favorece el crecimiento de la planta, el desarrollo de las raíces, la fecundación, la fructificación y mejora la calidad del fruto.

El fósforo está representado en el suelo en forma de ácido fosfórico; el anhídrido fosfórico (P_2O_5) el suelo lo ofrece en forma de ácido fosfórico disuelto en la solución del suelo siempre disponible, de forma rápida para la planta; en forma de ácido fosfórico absorbido por la porción arcillosa del suelo, también disponible para la planta, y una tercera fracción de ácido fosfórico bloqueado en forma de fosfatos, escasamente solubles y, por tanto, no disponibles para la planta.

La fertilización fosforada pretende aumentar o reponer (según la riqueza del suelo y las necesidades de la planta) la reserva de ácido fosfórico del suelo, para de esta forma contribuir a una correcta alimentación del árbol.

14. Hablemos del potasio. Se mueve lento en la planta; hay que aplicarlo pronto y no a última hora

El potasio y el efecto sumidero

El potasio se encuentra en la planta principalmente en forma iónica (K^+) en las vacuolas celulares.

Es muy móvil dentro de la planta, tanto como el nitrógeno y más que el fósforo. Participa en rutas metabólicas actuando como activador enzimático en procesos como síntesis de hidratos de carbono y grasas, así como en los procesos de la fotosíntesis. Interviene en la economía hídrica, estando implicado en la regulación de la apertura y cierre de las estomas de las hojas.

Por esta razón, los árboles con niveles bajos de potasio son más sensibles al frío, a la sequía y al ataque de hongos (repilo fundamentalmente), habiéndose puesto de manifiesto que, plantas de olivo mal nutridas en potasio, presentan una mayor pérdida de agua, circunstancia que en una situación con limitación en la disponibilidad de agua puede adelantar en el tiempo la aparición del estrés hídrico, lo que probablemente acabará provocando la aparición de necrosis en hojas y defoliación en situaciones de sequía prolongada, otoños fríos, años de grandes cosechas.

Está demostrado que una correcta alimentación de potasio en los años de carga mejora los rendimientos grasos de la aceituna.

Conocido es que el olivo precisa de grandes cantidades de potasio, es un rasgo característico de este árbol.

Cuando se produce un problema con el potasio, es difícil de corregir, se necesita mucho tiempo, es importante por ello que los análisis de hojas o savia mantengan un adecuado contenido y no dejar que haya deficiencias.

Hay unos meses en el año en los que el olivo absorbe una enorme cantidad de potasio, como si se tratase de un sumidero que deja limpio el almacén, y queda, diremos gráficamente, las ganas de absorber más, que no encuentra y este efecto sumidero o hambre de potasio después nos pasa la factura con mucha menos producción.

Hay que tener reservas suficientes de potasio en el suelo para que cuando el olivo requiera absorber gran cantidad lo tenga disponible, para no limitar la cosecha y no pase hambre. Esto es esencial. Tomen buena nota. Es fundamental.

Durante muchos años hemos pensado que no debíamos utilizar cloruros en el suelo en forma de cloruro potásico, sino que debíamos recurrir al nitrato potásico o al sulfato potásico, pero después de muchos ensayos en campo en situaciones reales, se ha comprobado que los niveles de cloruros en savia y en hoja no aumentaban cuando se aplicaba el potasio en forma de cloruro potásico. Lo que sí hay que tener en cuenta es aplicar un poco más de nitrógeno en forma de nitratos para que el olivo tome estos en lugar de cloruros.

El olivo es gran demandante de potasio, así de sencillo, así de simple, esto es así, no podemos quitar lo que es esencial. No todo el potasio del suelo está disponible para el olivo, hay una parte que está adherida a la superficie interlaminar de las arcillas y que no está disponible para que la planta lo tome.

Parte del potasio queda fijado de forma no accesible, no disponible para intercambio iónico, queda atrapado entre las capas de sílice, el cual no lo toman las plantas porque tiene que haber una serie de factores que difícilmente pueden concatenarse; en fin, es claro que debe ser inyectado, localizado para que sature las arcillas circundantes pero que además quede potasio libre disponible, esto es esencial, esto se ve muy favorecido además con la acidez de abonos líquidos incorporados al suelo. Esto no es publicidad, a unos y a otros, es simplemente así.

Recomendamos aplicar el potasio con bastante espacio de tiempo a la época de consumo, de extracción del suelo, no esperar al último momento y llegar tarde, es necesario tener la despensa con stock suficiente antes; la despensa del suelo obviamente.

Hemos de aprender a efectuar las aportaciones de potasio tempranas y no la manía sin sentido de aplicarlo inmediatamente antes de la recolección, que sirve, pero no para esa cosecha, sino para la siguiente.

El abono potásico hace desaparecer el boro asimilable. Esto es muy importante en el olivo ya que este toma mucho potasio y los aportes de potasio hacen desaparecer el boro, aparte del problema de la caliza que también lo hace muy difícil para el boro, el boro está «pillado».

El potasio tiene un efecto «antagónico» frente a otros macroelementos como magnesio y calcio; esto es conocido desde hace muchos años, es así. En fin, la presencia de mucho potasio tiene un efecto negativo en cuanto a que no puede tomar magnesio, calcio y boro.

Para que el olivo tome adecuadamente el potasio y se aproveche bien, no debemos olvidarnos de añadir magnesio soluble. La aplicación de abonos potásicos hace desaparecer el magnesio, lo cual es un problema importante si no se restituye al suelo. Más adelante diremos que productos y a que dosis hay que utilizar.

El potasio tiene alguna movilidad en el suelo, pero muy poca, si el suelo es arcilloso queda atrapado el potasio por el mismo y no baja o de manera muy insignificante en mucho tiempo y ya no contamos lo mucho que ello puede ser en nuestros secanos. Aquí, hay un mal conocimiento, se estima que baja mucho y no es así en absoluto, tener esto muy en cuenta, que rompe la idea general.

Los efectos de la aplicación de potasio no se ven de inmediato, no tiene una acción rápida sobre el cultivo, sino tremendamente lenta, esto es importante tenerlo claro, por lo que aplicar muy cercano a la cosecha, pensamos que difícilmente tendrá repercusión sobre esta en ese año.

Las aportaciones de potasio deben ser tempranas, como gran parte del mismo queda entre las láminas de las arcillas y de ellas no se puede alimentar el árbol, conviene que la aportación sea de dosis adecuadas, pero que no pase «hambre de potasio» por la repercusión muy negativa sobre la cosecha inmediata y la siguiente y si es vía hoja conviene sea lo más pronto posible para que el vegetal pueda procesarlo e integrarlo en sus moléculas, en este sentido en la actualidad se hace lo contrario, se emplea potasio hasta poco días antes de la recogida del fruto.

Tenemos con la fertirrigación la ventaja de que los nutrientes los mezclamos con el agua y la planta toma el agua con los nutrientes, no puede tomar el agua por un lado y los nutrientes por otro sin agua.

Ojo, cuando empezamos en fertirrigación los análisis de suelo dejan de tener valor, nos guiamos solo por los análisis foliares o de savia, ya que los de suelo no vienen a decir mucho por estar los fertilizantes localizados en los bulbos regados.

Foto 14.1. Hojas de olivo que muestran deficiencias de potasio.
Fuente: Cultivo del olivo con riego localizado. *Miguel Pastor.*

El potasio es indispensable también para cualquier ser vivo. En el caso de las plantas activa la fotosíntesis, favorece la formación de azúcares y de almidón en las hojas y raíces; potencia al nitrógeno (y viceversa), participa en la formación de proteínas, reduce la necesidad de agua de la planta y mejora la resistencia al frío.

En el suelo, también vamos a encontrar el potasio en tres formas: disuelto en la solución del suelo de fácil absorción por la planta, ligado a la porción arcillosa del suelo que se elimina de forma lenta cuando el suelo se empobrece, y contenido en la roca madre, de mayor lentitud y complejidad para poder ser tomado por la planta.

El olivo muestra una gran avidez por el potasio. Su movilidad en el interior de la planta es muy lenta, hay que añadirlo pronto, no esperar al último minuto porque llegará tarde. El árbol ha de iniciar prontamente su utilización cuando sea requerida; por tanto, hacer que se vaya acumulando en las reservas del vegetal y que esté listo para que en el momento oportuno no haya hambre de potasio.

Cuando algún elemento químico supera en la planta un determinado umbral de concentración, se produce un daño por fitotoxicidad. Los síntomas de estados carenciales y de fitotoxicidad son fáciles de confundir; por esta razón dejarnos llevar por los síntomas visibles puede conducirnos a un grave error diagnóstico.

Siempre se mira el precio del fertilizante como el factor de elección y no hay que buscar lo más barato sino lo más idóneo, lo rentable, hacer las cosas bien y que el capítulo de la fertilización tenga un coste razonable y que multiplique lo gastado en nutrirlo de forma clara, dejando por ejemplo una parcela sin abonar y midiendo rendimientos de varios años haciendo la media productiva. El agricultor es preciso que estudie y aprenda sobre nutrición vegetal, aparte de la observación continua que ahora hace como fuente del saber.

Se ha comprobado la ventaja de aportar el potasio en forma fraccionada, sin olvidar los aumentos en su requerimiento en determinados momentos del ciclo.

15. Los elementos calcio, magnesio y azufre

El calcio

Es un elemento que entra en el grupo de «secundario»; feo nombre cuando es esencial, y si es esencial no es secundario, necesario en toda planta, que tiene como finalidad favorecer el paso del agua y del aire y modificar el pH. Su exceso en el suelo es peligroso ya que bloquea al fósforo, elevan el déficit en hierro, zinc y manganeso.

El olivo tiene una marcada preferencia por los terrenos moderadamente calizos, siendo más sensible a la deficiencia de calcio que otros cultivos. A veces pueden observarse niveles relativamente bajos de calcio cuando se utiliza el abonado con potasio.

El Calcio es un elemento al que tradicionalmente no se le ha prestado ninguna atención en el olivar. Aquí se ha llegado a una conclusión generalizada errónea, absolutamente elemental. Como la mayor parte del olivar está plantada en suelos calizos, entonces de cal no tenemos que preocuparnos porque hay mucho calcio. Y ya está, nos quedamos tan frescos con este planteamiento empírico y no hay más que hablar.

Esto es absolutamente erróneo porque habiendo mucha caliza en el suelo, la misma es insoluble y, por tanto, hay una respuesta muy buena a los productos con calcio soluble de forma muy generalizada.

Tengamos en cuenta como referencia, por ejemplo, aunque es en otros cultivos, a la provincia de Murcia, en la cual un muy alto porcentaje es de terrenos calizos y, sin embargo, con sistemas de fertirrigación de técnicas actualizadas, tienen un alto consumo de nitrato cálcico soluble. A nosotros lo que nos interesa es el calcio activo que haya en el suelo, este es el dato, el calcio insoluble de los terrenos calizos la planta no puede digerirlo.

El carbonato de calcio, es decir, la caliza, es insoluble, es piedra y si fuese soluble muchas montañas no existirían, se habrían disuelto con el agua de lluvia.

El que en suelos calizos con pH alto se disuelva la caliza es una utopía. En la Sierra del Torcal, en Antequera, la caliza se ha disuelto algo formando las rocas formas caprichosas, pero esto solo ha sido posible al cabo de millones de años, con la lluvia. No es cosa de esperar tanto.

Así que tenemos un problema con el calcio. Los calcios solubles son el nitrato cálcico y los calcios orgánicos. El sulfato de calcio, es decir, el yeso, tampoco es soluble hay que tenerlo claro.

Aquí en el olivar hay que ver si el contenido en calcio de las hojas es correcto (deficiente cuando es menor del 1 % sobre materia seca en hojas tomadas en el mes de julio).

También ver cómo responde, a la aplicación en el agua de riego de nitrato cálcico o formando parte de un complejo líquido con calcio y, si la necesidad fuese importante, tomar otras medidas, pero con la indicada de que el complejo líquido tenga calcio, es suficiente de forma general.

Tiene mucho más sentido aplicar el calcio con un complejo líquido que lo contenga, es lo lógico.

Es el calcio un elemento fundamental ya que adelanta la maduración y hace a la aceituna más resistente a plagas y enfermedades y esto es muy importante.

El calcio se expresa en cuanto a riqueza del suelo o de los abonos en forma de óxido de calcio (CaO).

Foto 15.1. Primeros síntomas de una deficiencia de calcio.
Fuente: Cultivo del olivo con riego localizado. *Miguel Pastor.*

El magnesio

La deficiencia en magnesio puede ser inducida por altas concentraciones de potasio, calcio y amonio, al ser el magnesio peor competidor que el resto de los iones. El olivar es muy demandante de potasio, y las aplicaciones de potasio traen como consecuencia deficiencias de magnesio. Esto es poco conocido, fíjelo en su mente.

En suelos de mucho calcio activo o soluble lo lógico es añadir magnesio. La práctica de añadir magnesio al suelo se realiza en las zonas del Levante que son suelos calizos en los agrios de forma habitual como norma establecida.

Hay que tener muy claro que el magnesio debe ser soluble ya que, si es insoluble, la planta no lo va a tomar. Esta precaución es fundamental. Debe tener el producto magnesio soluble en agua. Los abonos granulados con magnesio, generalmente es carbonato de magnesio que es insoluble; se añade este porque es más barato evidentemente.

En los terrenos ácidos del norte de Europa, el magnesio insoluble se solubiliza en el suelo, pero aquí en nuestros suelos calizos no, de ninguna manera y es absolutamente necesario que el magnesio que aportemos sea soluble y esto no se indica en las etiquetas, solo en los casos que es soluble, por lo que se deduce que en todos los demás es insoluble y por tanto no apto para nuestros suelos calizos. En esto hay una enorme ignorancia por todos los afectados y es esencial, lo queremos dejar claro, es fundamental. Disuelva una cucharadita de abono en un vaso con agua y agítelo, verá si es soluble o insoluble y que no le cuenten milongas.

El magnesio se expresa como óxido de magnesio (MgO), que es una forma de medir, no quiere decir que tenga contenido en este producto, es que se utiliza la unidad de medida del óxido sin tener óxido, cuando además el óxido es insoluble. Lo lógico sería expresarlo como magnesio tal cual, soluble o insoluble sin más. Pero la legislación así lo establece, seguimos con el error antiguo, pero es difícil erradicar al ser universal y ponerlo de las dos formas seguramente es más lio.

En fin, los magnesios solubles, para que sean tales, deben estar en forma de nitrato de magnesio, sulfato de magnesio o en forma de cloruro de magnesio, no hay otros aunque dejamos abierta la puerta por si acaso, pero es bueno tener esto claro, lo dicho aquí es fundamental, a veces ocurre que no se sabe nada de esto. Más bien que a veces, vamos a llamar por lo general.

Lo más práctico por consiguiente es la aplicación de complejos líquidos con magnesio. Este magnesio es soluble, en un líquido no puede haber insolubles, se decantaría. Rogamos no haga variantes a nuestra recomendación déjese llevar, porque de hacer cambios al final, no sabemos que saldrá y somos más que propensos a hacer cambios, así pensamos que sabemos más que los especialistas que nos han efectuado la recomendación. Craso error, cuando no sabemos nada.

El magnesio es poco móvil dentro de la planta, por lo que, si hay falta de magnesio, los efectos de la aplicación no se ven inmediatamente, como ocurre cuando se aplica nitrógeno.

Foto 15.2. Hojas de olivo con síntomas de carencia de magnesio. Hay varias muestras de clorosis y un ápice marchito.

Fuente: Enfermedades y plagas del olivo. *Faustino de Andrés Cantero.*

El azufre

Es componente de aminoácidos azufrados como la cisteína y la metionina; los aminoácidos son los ladrillos que forman las proteínas. Forman parte también de vitaminas y coenzimas. Es utilizado por las plantas en cantidades similares al fósforo.

Los sulfatos son bastante solubles lo que produce inevitables pérdidas por lixiviación o lavado a capas profundas donde no llegan las raíces.

El azufre se puede expresar como elemento S o bien cómo trióxido de azufre (SO_3). Si se expresa de esta última forma, la cifra del tanto por ciento es mayor, aunque, evidentemente, el contenido es el mismo.

Un billete de 5 euros es la misma cantidad de dinero que 5 monedas de un euro; pues lo mismo ocurre con el azufre que 1 % de S equivale a 2.5 % de SO_3.

Nosotros nos decantamos porque el azufre se añada en un complejo líquido, porque otras medidas de disolver sólidos o emplear exclusivamente sulfato amónico líquido, nos complican la vida y hemos de estar muy atentos a la eficiencia, a la comodidad.

Conclusión, en la receta se reseñan complejos líquidos que, en unos casos llevan calcio, en otros magnesio y en otros azufre. Se lo queremos poner facilito y sencillo, lo complicado es claro que no se hace y evidentemente a precio óptimo.

16. Empleemos un cóctel de microelementos vía riego por goteo y dejémonos de historias

Vamos a ver si centramos muy claramente las ideas de este tema en cuanto al olivar en riego por goteo, que son un tanto rompedoras porque se sale mucho o totalmente de lo que se hace en la actualidad, pero que tenemos muy claro.

El tema de los microelementos se ve como un mundo no claro, misterioso, lleno de incertidumbres e incógnitas, lo que reseñamos es por experiencia es lo más racional y económico.

Como le llamamos «micro», pues no le damos importancia, nada más lejos de lo lógico. Total si es poco mejor es nada pensamos.

Partimos de un concepto y es que, en riego por goteo, aplicar los microelementos mezclados con el agua de riego, en un abono líquido cóctel.

Ocurre que los microelementos se llaman así no porque sean pequeños, sino porque la planta los toma en poca cantidad; las diferencias de absorción son similares entre muy diferentes cultivos precisamente por ello porque lo toman en pequeña cantidad, así que el cóctel bien puede ser universal para todos los cultivos.

Así lo que llamamos el cóctel universal Herogra, fue ideado por el preclaro y estudioso investigador y muy recordado Juan Llona (muchos años estuvo previamente en S. A. Cros), que tantas innovaciones aportó a la fertilización y que no se habla de el para nada y bien que lo merece, si nos atenemos a sus muchas aportaciones.

El cóctel es sobre la base que en el suelo no haya absolutamente nada de ningún microelemento, aplicando 200 litros hectárea, se añadiría todo lo que la planta necesita, como suponemos que algo debe haber, apliquemos en riego por goteo en todos los cultivos 100 kilos por hectárea (ya que los líquidos su riqueza se expresa en peso y se dosifican en litros, que son los kilos multiplicado por la densidad). Miren, ustedes pueden alarmarse por esta «barbaridad», pues no deben precipitarse.

Al fabricarse en grandes volúmenes, estar muy diluidos y ser una formula única el precio es muy económico.

La cosa empieza a complicarse, cuando algunos clientes demandan otras riquezas distintas hechas a medida, no debe ser así, debe emplearse el cóctel universal, es lo lógico lo sensato y lo económico. Piensan que suprimiendo uno o dos micros por «creer no hace falta», le sale el producto más económico, y están equivocados en su creencia y en el precio que le saldrá más caro.

Atención a este engaño algunos fabricantes de abonos líquidos reseñan los «complejos líquidos con micros» y dan aparte la riqueza del NPK la riqueza de los micros, pero atención, mucha atención, este contenido de micros, solo el complejo líquido lleva por ejemplo de cada 100 kilos pues solo dos del complejo de micros, y el comprador cree que ese contenido de micros lo lleva cada kilo de abonos líquido y lo que lleva es un 2 % del contenido que reseñan. Ello viene en la etiqueta, pero normalmente no se leen a fondo o no se sabe interpretar. Usted no puede fiarse de nadie, tiene que aprender.

El cóctel de micro que reseñamos no va envasado, sino que se vende a granel como un abono líquido más, y no se puede mezclar con los abonos líquidos, hemos buscado solución alternativa económica, necesita tanque almacén.

Lo que tenemos que ver es el ahorro que tiene ello, que lo tiene de forma ostensible y los resultados que son impresionantes.

Este cóctel no se debe cambiar, pues si sobra un micro y se fabrica sin este, no pensemos que el precio va a variar, pues el posible ahorro de materia prima tal cual es anulado por los gastos de producción, en esto una y otra vez se cae y no debe ser así.

En riego por goteo, lo más práctico, económico y eficaz es aplicar un cóctel de microelementos a razón de 100 kilos/Ha, mezclado con el agua. Y no se asusten por el volumen, sale más barato que otras opciones. Le dirán que no, los que quieren vender otra cosa.

Convienen que sepan que los microelementos son esenciales para la formación de las enzimas que son proteínas vamos a llamar diferentes o especiales, que se forman con cada uno de los microelementos, las cuales son células vegetales que se convierten en un organismo muy útil e imprescindible.

Cada enzima tiene una función especializada en el metabolismo, la fotosíntesis y la respiración del vegetal y cada proteína necesita un micro.

En la fotosíntesis, el dióxido de carbono (CO_2) y el agua se unen y son activados por la luz del sol para formar azúcar. La respiración es la oxidación o «quemado» del azúcar para dar energía en los procesos de crecimiento, de esta forma la energía solar se convierte en energía para la planta. Para hacer todas estas funciones se necesitan enzimas trabajando.

Los microelementos, como integrantes de las enzimas, están involucrados en los procesos del crecimiento, aparte de la formación de proteínas, vitaminas y desarrollo hormonal. Sin estos microelementos las enzimas no serían posibles.

Los procesos clave de la planta, en la fotosíntesis, se fijan los azúcares que se utilizan para la respiración. Los azúcares forman aminoácidos y estos forman las proteínas, pero el sistema no funciona sin la intervención de las enzimas y ellas tienen los microelementos. Toda la vida vegetal depende de estas moléculas metal microorgánicas que llevan a su cargo hazañas desproporcionadas para su corta presencia. Las enzimas realizan los ciclos una y otra vez, son los operarios de la fábrica vegetal. Y cada enzima específica lleva un micro en concreto, no debe usted suprimir ninguno. Que además le saldrá más caro, no se crea si le dicen que es mejor. El que le diga ello realmente no sabe.

El ciclo empieza en las semillas, cuando son colocadas en tierra. Las enzimas son activadas como células embrionarias, aceleran las reacciones químicas en la planta, promueven de esta forma un crecimiento rápido. Cada enzima está sujeta a una determinada y específica reacción química y tiene cada una un determinado microelemento.

Las enzimas son producidas en cada célula al tiempo que se produce la división celular a través de la vida de la planta, cada una está diseñada para su tarea particular, las marcas para producir enzimas están en los genes de las semillas.

Como las plantas necesariamente requieren estos microelementos que son esenciales, pues se estima que también en el suelo están como parte de las materias orgánicas que hay en el mismo, esto teóricamente es así, no es bueno hacer elucubraciones.

Hemos de profundizar en su conocimiento para evitar una mala información que puede dar lugar a problemas importantes.

Vamos a ver si en este capítulo aclaramos conceptos ya que es un tema muy importante al que no le echamos cuentas en muchos casos y hay un desconocimiento muy general, los que añaden microelementos, muchos piensan que es como «una propina al árbol» y no es así, son esenciales y como es difícil de evaluar deficiencias lo mejor sin duda es aplicar una ración del cóctel comentada.

La aportación es fundamental y lógica, no se debe discutir, el cóctel a granel tiene una concentración adecuada y baja, a cambio es económico y diseñado para aplicar con el agua de riego de forma cómoda y eficaz.

Se puede considerar que la utilidad de los microelementos, es decir, la disponibilidad, disminuye a medida que aumenta el pH, salvo el Molibdeno. El punto más soluble es con pH=6.5, este pH, es el que hemos de tener en el bulbo regado del suelo, regulando el mismo para que sea posible con peachímetros automáticos y nítrico. Si no regula el pH del suelo, no utilice el cóctel.

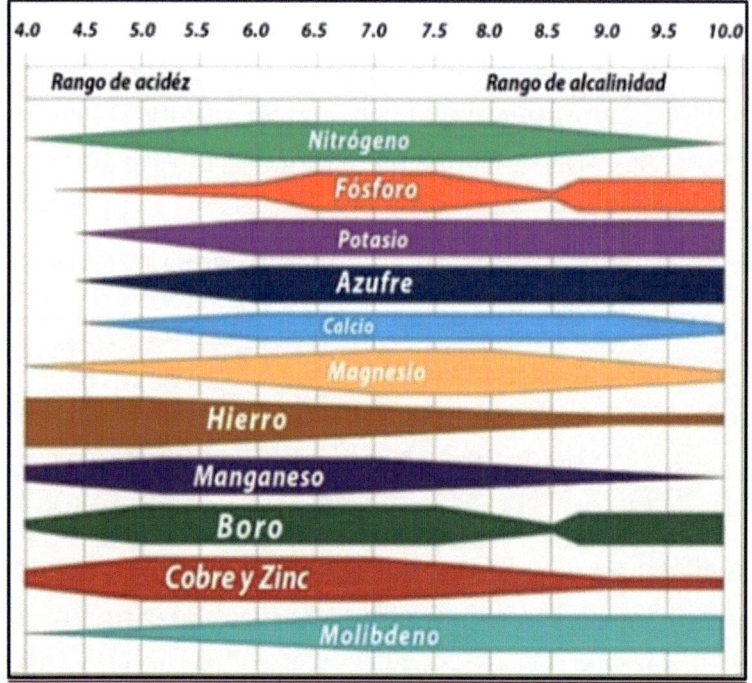

Imagen 16.1. Disponibilidad de nutrientes respecto al pH del suelo.
Fuente: https://www.intagri.com/articulos/nutricion-vegetal/disponibilidad-de-nutri-mentos-y-el-ph-del-suelo

Hablemos ahora de cada microelemento que rogamos lean con atención y memoricen o bien relean el libro todos los años. Si, este libro es para leerlo y releerlo, de forma continuada, hasta que lo tenga memorizado.

A. Boro

En este microelemento sí que estamos muy sensibilizados en España el utilizarlo a diferencia de otros un tanto generalizado en el olivar, bueno algo es algo.

El boro tiene mucha importancia para el olivo cuya deficiencia más frecuente es en los suelos calizos y terrenos secos. Regula el metabolismo de los carbohidratos y el RNA, (ácido ribonucleico que participa en la síntesis de las proteínas) pero puede resultar tóxico en cantidades excesivas.

Es un elemento inmóvil en la planta, por lo que su suministro debe realizarse a lo largo de toda la campaña y a la dosis adecuada. Las necesidades máximas se producen durante la floración y su deficiencia se manifiesta en corrimiento de flores que se traduce en una excesiva producción de «zofairones» (frutos pequeñitos y redondos, sin valor comercial).

Los síntomas visuales de deficiencia de boro son muy parecidos a los del potasio, por lo que se pueden confundir fácilmente.

Foto 16.2. Izquierda hojas con falta de potasio.
Derecha hojas con carencia de boro con una zona amarilla de transición.
Fuente: Enfermedades y plagas del olivo. *Faustino de Andrés Cantero.*

Ojo con el boro pues para que lo tome la planta debe ser un boro soluble, esto en los líquidos tiene que ser así, porque de otra manera sería insoluble y se iría al fondo decantado. En los sólidos esto no ocurre, no vamos a decir en la generalidad, vaya que alguno sea la excepción.

La aplicación en secanos de boro vía suelo no lo recomendamos, sencillamente porque la respuesta de este en suelos calizos es mala por el bloqueo que tienen. Ahora bien, en riego por goteo con pH del bulbo regulado a 6,5 van estupendamente por esta vía con el cóctel de micro.

Hemos de tener en cuenta que cuando la planta absorbe potasio lo hace también absorbiendo boro; si no restituimos el boro, pues mal lo tenemos. Mientras más potasio añadamos al suelo más boro necesita y hemos de aplicar por la hoja, tanto en secanos como en riego, a no ser que tengamos el pH del bulbo regado a 6,5 que es el que necesita el mismo para que el olivo pueda tener una alimentación completa y eficaz.

Foto 16.3. Otro síntoma de la carencia de boro, la formación de «escobas de bruja» en una rama de olivo.

Fuente: Enfermedades y plagas del olivo. *Faustino de Andrés Cantero.*

B. Cobre

Nunca nos preocupamos del cobre, pues aplicamos muchísimo como producto fitosanitario. Pero atención, lo que aplicamos es «oxicloruro de cobre», el cual es insoluble, o bien «óxido cuproso», el cual también es insoluble, ambos en la generalidad de los tratamientos. Otro error más, «suponer», es una forma bastante segura de equivocarse.

El sulfato de cobre es soluble, pero lo neutralizamos con calcio haciendo el «caldo bordelés», y al neutralizarlo se invisibiliza, aunque ya ello solo se emplea en algunos lugares muy concretos.

Es un microelemento del que el olivo toma muy poco, pero no pensemos «que hay mucho cobre», porque, aunque lo hay, este es insoluble, así que puede haber mucho mineral de cobre y faltarle al olivo, recordemos que las plantas no tienen dientes, «las plantas no comen, beben».

No pensemos que los geles de oxicloruro de cobre, o bien de óxido cuproso son solubles, lo que ocurre es que el producto está tremendamente bien molido, en grado superfino de pocas micras y estabilizadores que le permiten estar en forma de gel. Desde luego su efecto fitosanitario es importante porque, al ser tan fino, protege bien al vegetal ante ataques de hongos; es un poderoso fungicida que protege al olivo. Pero no es asimilable como microelemento.

El cobre se necesita para la enzima que activa la unión del amoniaco con los ácidos orgánicos para producir el glutamato. Si falla el cobre, falla la producción de ácido glutámico y se pueden ver acortamientos de los entrenudos, acompañado a veces de una anómala ramificación.

Hay cultivos donde la falta de cobre se manifiesta de forma muy clara como por ejemplo la cebolla que, ante carencias de cobre, es extremadamente frágil, lo que impide una buena conservación, incluso una correcta manipulación. Y en los cereales, la aportación de nitrogenados puede producir encamado si le falta cobre, es muy importante para los cereales este microelemento.

En fin, parece que es una incongruencia decir que puede faltar cobre en el olivo, pero no lo es. Decimos las cosas como son, no decimos las cosas que se quieren escuchar. Por ello aconsejamos el cóctel de micro, que tiene de todo.

C. Hierro

Lo tratamos específicamente en el capítulo siguiente específico para este nutriente (capítulo 17), que requiere un trato especial.

D. Manganeso

El manganeso está ligado al hierro en la formación de clorofila, además participa en el metabolismo de los hidratos de carbono.

El manganeso en terrenos calizos, por consiguiente, de pH alto, da lugar a que la forma divalente de este elemento se transforme en tetravalente insoluble. Por ello el pH del bulbo regado ha de estar a 6,5, si no es así, la aplicación hay que hacerla foliar como una operación normal del cultivo.

El pH del bulbo regado tiene que estar a 6,5 téngalo muy claro. O deje el libro y haga lo que quiera, hará como todo el mundo, lo único que pasa es que no avanzamos, es cuestión de tiempo evidentemente, finalmente iremos a lo lógico, mientras funcionamos con lo ilógico.

Esto ya se sabe, al menos es bastante conocido que, en suelos calizos, no hay disponibilidad de manganeso, mientras más pH, más inactivo. Y por ello es una operación rutinaria en los agrios en los suelos calizos del Levante Español.

Está claro por otro lado que el manganeso está muy asociado al fósforo, es ya muy conocido. Se necesita mucho el uno del otro.

La deficiencia de manganeso disminuye la fotosíntesis, si el manganeso está bajo las hojas tienen manchas o amarillamientos intravenosos. A veces cuando vemos el árbol pensamos que necesita más nitrógeno, y puede que no sea así, sino que lo que necesita sea manganeso en muchos casos, consecuencia de ello seguimos haciendo las cosas mal, y lógicamente se nos castiga con menos producción.

Foto 16.4. Síntomas de carencia de manganeso.
Fuente: https://oliviculturadeprecision.com/2020/03/16/deficiencias-visuales-por-manganeso/

E. Molibdeno

Es sin duda el microelemento menos familiar. Esto se debe a la muy poca cantidad que se encuentra en las plantas; como estas lo toman en pequeñísima cantidad, generalmente no se tiene en cuenta para nada, sin embargo, su ausencia es un problemón.

En casi todos los casos, dicen como toma tan poco, mejor no aplicarle nada, es lo mismo.

Tiene un papel muy importante en la asimilación del nitrógeno por el vegetal, es decir, de los pasos que da el nitrógeno nítrico que absorbe el vegetal para formar parte de la planta.

Si falta en la misma es un problema porque forma parte de las molibdoenzimas que son fundamentales en el proceso de integración del nitrógeno en aminoácidos, los cuales son los ladrillos o elementos que forman las proteínas. Pequeño pero matón. El nitrato en el interior de la planta se convierte en amoníaco el cual se combina con azúcar para formar aminoácidos; en el proceso se libera oxígeno, con lo cual mejora sensiblemente la respiración de la planta.

El molibdeno es además uno de los ingredientes del Niacin, es decir, de la vitamina B3, que es un transportador de energía.

La solubilidad del molibdeno aumenta con el pH, que es lo opuesto totalmente al hierro, el manganeso, el cinc y el boro, de modo que el pensamiento normal es que como el pH es alto y este elemento se solubiliza en pH altos, pues debe tener bastante y no aplicamos. Esto no debe hacerse ya que el costo por hectárea de añadir molibdeno es tan pequeño que no debe pensarse que así «ahorramos», corremos un riesgo absolutamente innecesario.

F. Cinc

El cinc es fundamental en la formación de auxinas (hormonas o mejor dicho reguladores de crecimiento como se les llama ahora a estas), que son las hormonas del crecimiento. Interviene en la síntesis de ácidos nucleicos, proteínas y vitamina C. Tiene un efecto positivo en el cuajado, maduración y agostamiento.

En los suelos calizos, el exceso de calcio inhibe la absorción de cinc. Una falta de cinc es una falta de crecimiento en el vegetal. No debemos correr riesgos y tener regulado el pH del bulbo regado a 6,5 para que lo tome bien, si esto no es así, en suelos calizos hay que aplicar por vía foliar, normalmente ello se hace junto al manganeso.

La deficiencia de cinc se manifiesta por la pérdida de la dominancia apical en los brotes, en una reducción del tamaño de la hoja y acortamiento de entrenudos, clorosis internervial y reducción del crecimiento de la planta. Es especialmente significativa la sintomatología descrita en las brotaciones producidas como consecuencia de los cortes de renovación efectuados en la poda.

Según la Real Academia Española, se puede emplear la palabra Cinc o Zinc de forma indistinta.

Foto 16.5. Ramitas de olivo con síntomas de raquitismo debido a la falta de cinc.
Fuente: Enfermedades y plagas del olivo. *Faustino de Andrés Cantero.*

17. Hablemos del hierro y lo que recomendamos

Lo tratamos específicamente porque la corrección de la clorosis férrica en nuestros suelos calizos es un tema cuya solución es muy concreta y diferente a las de los demás microelementos y nutrientes en general.

Un suelo al analizarlo puede indicarnos, extrapolando al peso de la capa arable, que tiene 20.000 kilos de hierro por hectárea; sin embargo, este dato no nos es útil porque en suelos calizos el hierro está insoluble y la planta no lo puede absorber.

El hierro no entra en la composición de la clorofila, pero tiene importancia porque ejerce una función catalítica para su formación, ocurriendo algo análogo en el transporte de oxígeno en la función de la respiración. Catalítica quiere decir que es un elemento que, aunque no entra en la composición de la clorofila, ocurre que no hay reacción para producirse dicha clorofila sino está presente.

Cuando hay carencia de hierro se notan síntomas muy claros de clorosis (clorosis férrica), más visibles en las hojas jóvenes que puede acentuarse y, en los casos extremos, producir necrosis, es decir, descomposición en los bordes y ápices.

También es claro que el hierro tiene que ser aplicado al suelo en forma de quelato EDDHA y no otro; este producto es el ácido N, N'-etilendiamino-bis(2-hidroxifenil) acético.

Este producto tiene unas propiedades específicas y modernamente variantes complementarias como por ejemplo EDDHSA y EDDHMA, sumamente eficaces.

El hierro convencional, tal como el sulfato de hierro, queda de momento bloqueado, no llega al vegetal en este tipo de terrenos; hay muchos productos que se anuncian con hierro y el mismo pues no sirve en absoluto para solucionar la clorosis férrica en suelos calizos y otra serie de quelantes efectivos para otros nutrientes, pero no para el hierro, y productos «complejantes» para los cuales la retención del hierro no es eficaz en terrenos calizos.

Los agentes naturales complejantes de hierro más utilizados son citrato, gluconato, heptagluconato, lignosulfonatos y otros compuestos orgánicos como los humatos, que no lo recomendamos si queremos resolver carencias de hierro.

Por vía foliar no se resuelve los problemas de hierro.

Los quelatos son metales protegidos por otras moléculas especiales que lo envuelven. La palabra quelato viene del griego «chele», que es garra; viene a significar que los átomos del microelemento en cuestión están envueltos para ser protegidos, posteriormente esta molécula en contacto con la raíz se deshace, en contacto con la misma por acción de los ácidos que exuda el vegetal y absorbe el hierro; tema curioso.

En el reino animal la familia *quelaturus* corresponde a las cigalas con sus grandes extremidades delanteras, terminan en pinza, para sujetar lo que las mismas agarran.

La acidificación que se produce en la proximidad de las raíces es lo que favorece que se inserte una molécula de agua y que se adopte una estructura hexacoordinada abierta [FeHL], en la cual se produce la reducción enzimática.

Lógicamente los quelatos del mercado son isómeros activos.

Si decidimos usar un quelato específico de hierro mezclado con el agua de riego por goteo en una zona determinada, debemos considerar que el pH del agua y el del suelo son diferentes. Si estamos regulando el pH del agua a un nivel bajo para mantener el pH del bulbo húmedo en 6.5, el agua deberá tener un pH aún menor. Para lograrlo, es necesario realizar ajustes previos hasta alcanzar el nivel adecuado.

Para aplicar el quelato de hierro, no debemos en ese tratamiento, bajo ningún pretexto, acidificar el agua, porque con pH acido el hierro se libera del quelato y por lo tanto no estamos haciendo nada; el quelato ha de llegar a la raíz tal cual.

El quelato de hierro lo disolvemos en agua para su aplicación en riego en un depósito diremos especial para ello de preparación de mezcla y con el pH que tenga el agua regularlo a 6,5.

En Herogra, durante años se ha venido estudiando este problema, en el equipo que dirige uno de los autores de este libro que es Pablo Ramos, y desarrollado la «vivianita líquida».

Es un producto para inyectar en el agua del riego por goteo, a razón de 200 kilos/hectárea, repartido en diferentes riegos y cuando se inyecte al agua este fertilizante, no inyectar en ese riego ninguno más simultáneamente. El precio es mucho más económico que utilizar el quelato mencionado, su acción es mucho más lenta que el quelato, pero persiste tres o cuatro años y se aplica en el sector de riego o sectores que se decidan de forma general. No decimos que sea mejor que el quelato de ninguna manera porque no lo es, pero si es un abono líquido mucho más económico que el quelato y que viene dando resultados bastantes aceptables.

La vivianita es un fosfato ferroso hidratado, un abono líquido a granel que no puede mezclarse con nada, y la aplicación solo de este elemento y el almacenaje en un tanque específico y una aplicación de inyección especifica. Hay que previamente limpiar interiormente con agua el tanque almacén y bomba dosificadora y tuberías y después del tratamiento también, para que no haya reacción con otros productos y produzca precipitados y atascos consiguientes. Lo lógico es que si ello se convierte en una operación anual tenga su tanque y bomba solo dedicado a este producto.

Por ello las instalaciones de fertirrigación, deben tener en su diseño, almacén y dosificación para otros productos además de los habituales, es una medida de precaución bajo nuestro punto de vista indispensable.

La eficacia de la vivianita viene dada también por el control que estamos hablando del pH del bulbo regado lo cual es fundamental en todos los nutrientes.

Foto 17.1. Hojas de árboles cloróticos.
Nervaduras verdes sobre un fondo de hoja amarillento.
Fuente: Cultivo del olivo con riego localizado. *Miguel Pastor.*

18. Aclaremos ideas sobre aminoácidos y ácidos húmicos

La materia orgánica del suelo es uno de los materiales más complejos de la naturaleza. Con este nombre se designa a todos los compuestos orgánicos que existan en el suelo, con excepción de los animales o vegetales vivos.

En la práctica, esta separación es muy difícil de modo que las determinaciones normales los incluyen, por lo que en la práctica se está dando una riqueza de materia orgánica un 10-15 % más alta a la estrictamente considerada.

La materia orgánica fresca se transforma en el suelo de acuerdo con diversos mecanismos y por diversos agentes, dando lugar finalmente a unos compuestos relativamente estables de color oscuro y de naturaleza coloidal que son la materia húmica.

Ante la dificultad de los distintos métodos analíticos para la determinación del contenido en materia orgánica, el criterio que finalmente se ha adoptado es analizar el carbono orgánico y una vez determinado este, multiplicarlo por un coeficiente cuyo valor es 1,786 y el resultado es el contenido en materia orgánica aproximado.

No toda la materia orgánica, ni mucho menos, pasa a ácidos húmicos, sino una cantidad pequeñísima, aunque pensemos otra cosa. Y lo que interesan son los ácidos húmicos. Si pensamos que toda la materia orgánica se transforma a ácidos húmicos vamos apañados y hay quien vende opiniones erróneas.

En un primer momento de la degradación, los microorganismos del suelo utilizan los más fácilmente degradables, conforme evoluciona el proceso, existe un aumento gradual de materia húmica.

En la segunda etapa de degradación se degrada la celulosa y en tercero la lignina, si la materia orgánica que se aporta es pobre en lignina se degrada pronto.

La degradación depende también de factores ambientales, que regulan la actividad microbiana, tales como temperatura, humedad, aireación y pH, entre otros.

Normalmente el proceso de humificación se hace con pH próximo a 7, que no es el que tienen nuestros suelos calizos de pH más alto. Así que estamos en suelos con baja materia húmica.

Cuando un suelo es calizo, influye muy directamente en su textura ya que la caliza favorece la rápida destrucción de la materia orgánica, contribuyendo al empobrecimiento del humus. Esta circunstancia hay que tenerla muy en cuenta.

Se necesita grandes cantidades de materia orgánica pero debido al problema de su rápida destrucción, quizá más vale no preocuparse de ella, a no ser que haya una fuente cercana y barata. Evidentemente, como todo el libro, son nuestras claras opiniones basada en estudio y nuestra experiencia.

En este asunto de la materia orgánica hay mucho confusionismo y mucha desinformación que es aprovechada por unos y otros. Aclaremos conceptos porque en general no se tienen para nada claros, al tener unas denominaciones que provocan confusión:

1. Materia orgánica es todo aquel producto cuyas moléculas contienen carbono; la materia orgánica es aquella que tiene este elemento. Esta palabra define bien poco desde el punto de vista del suelo ya que el azúcar, las pezuñas, la turba, los aceites, el orujillo, las cigalas, los lodos de depuradora, etc., todo es materia orgánica. Para tema de suelo es un caos, no dice mucho para el suelo esta denominación, pues es muy diversa.

Por otro lado, está cómo se expresa la materia orgánica, porque se puede expresar sobre materia seca es decir, s. m. s., o bien sobre materia tal cual o materia húmeda, es decir, s. m. h. Atención, si es sobre materia seca se nos ha de decir cuánta humedad o agua lleva el producto para saber de qué estamos hablando o bien el porcentaje total de materia seca (el resto es agua). Esto es muy importante y no se tiene en cuenta para nada, por lo que hemos visto y comprobado de forma general, salvo alguna excepción.

Aprender y tener claro lo de este capítulo es esencial para no andar en el desconcierto. En esto de materias orgánicas, hay gato por liebre, se compra una cosa porque se sugiere que es otra, que no lo es.

Esto también es habitual en la alimentación humana, no sabemos lo que comemos porque lo que se sugiere en la publicidad no corresponde al contenido detallado del producto que casi nadie sabe interpretar y que no lee.

2. Materia húmica. Sigue la confusión ya que es aquella que contiene ácidos húmicos, pero a lo mejor muy pocos y pensamos con este nombre que son ácidos húmicos y no lo son, solo en porcentaje por lo general pequeño. De modo que este nombre dice poco y se entiende que dice mucho.

3. Extracto húmico es la suma de ácidos húmicos y ácidos fúlvicos, sigue aumentando el lio. Seguidamente hablamos de ellos es importantísimo tener estos conceptos claros. A lo mejor un producto tiene un 15 % de extracto húmico y pensamos que son ácidos húmicos, y es posible que de ácidos húmicos sea un 1 por ciento y de fúlvicos el 14 %, nos desorienta. Parece que todo esto en el mundo mundial se ha puesto para despistarnos. Y los mejorantes del suelo son LOS ACIDOS HÚMICOS.

4. Ácidos fúlvicos son materias orgánicas de cadenas cortas, a título orientativo hasta 50 átomos de carbono. Son moléculas pequeñas, todas las moléculas orgánicas pequeñas son ácidos fúlvicos. Fatal definición, aquí cabe de todo desde azúcar hasta aminoácidos.

Los ácidos fúlvicos son alimento para la planta, de poquísima calidad o de mucha calidad, esto depende del tipo de fúlvicos. Los ácidos húmicos son mejorantes claros del suelo.

La urea es un producto orgánico, de síntesis, pero orgánico, pero aquí se ha puesto de acuerdo todo el mundo para decir que se incluye entre los abonos minerales, cuando no lo es. La urea son ácidos fúlvicos, en definitiva, de poco efecto como tales si en este caso concreto eficaces por su alto contenido en nitrógeno.

5. Ácidos húmicos son cadenas largas de carbono. El motivo de separar en húmicos y fúlvicos es porque los fúlvicos, al ser moléculas pequeñas, las puede tomar la planta. Los húmicos no pueden tomarlos, pero sin embargo tienen un papel en el mejoramiento del suelo importantísimo.

Los ácidos húmicos se descomponen a fúlvicos, pero esto es muy lento, no se sabe, depende, es cosa de años. Estos conceptos hay que tenerlos claros, pues hay mucha filosofía y mucho desconocimiento.

Para riego por goteo, una buena recomendación en suelos calizos sería aplicar ácidos húmicos mezclados en el agua de riego

Lo que pueda aportar las hierbas del no laboreo, que desde el punto de vista de mejorante del suelo en suelos calizos más bien es bastante reducido.

Normalmente los ácidos húmicos líquidos del mercado tienen el 15 % de extracto húmico, pero del mismo puede que un 10 % son húmicos y un 5 % fúlvicos, por ejemplo; pero ácidos húmicos sin fúlvicos no hay, ya que se originan en su proceso de extracción.

No se pueden mezclar con nada ya que precipitan y se forma un conglomerado sólido. Se aplican tal cual, diluyendo en agua y en una hectárea inyectada aplicar a ser posible 20 litros de extracto húmico, es decir, ello supone 3 litros de ácidos húmicos, si la riqueza del extracto es del 15 % en ácidos húmicos que es lo habitual, si son más elevados tener en cuenta que nos interesa conocer el precio por unidad. La inyección por supuesto después del filtro, son moléculas gordas.

La aplicación de ácidos húmicos en goteo mejora de forma singular el poder de retención del suelo y el intercambio iónico en el bulbo regado no se puede usar por vía foliar las moléculas son muy gruesas y la planta no puede absorberlos y además no son para el vegetal su gran estructura es para mejora del suelo, por vía foliar no sirven.

6. Aminoácidos son otra cosa, son los ladrillos que forman las proteínas por así llamarlos, el que para obtenerlos sea por vía de microorganismos o de hidrólisis química, bueno, ¿qué más da?, es un criterio. Los aminoácidos como tales son ácidos fúlvicos, pero no todos los ácidos fúlvicos son aminoácidos, ni mucho menos, puede que lo habitual es que no los contenga.

Estos se aplican por vía foliar y es muy interesante porque se aporta productos que la planta los va a tomar y se evita así fabricarlos, que a lo mejor ni puede porque le falta algún tipo de componente. Hay 23 aminoácidos distintos, normalmente los productos contienen los mismos que provienen de la descomposición de las proteínas, en más o menos cantidad.

Hay de dos orígenes, aminoácidos de procedencia vegetal y de procedencia animal. Aunque los animales no los producen, pero sí que los tienen de lo que ingieren, lo más coherente es aplicar de origen animal, para que la proporción de estos sea distinta a la que los vegetales aportan y tengan un efecto podemos llamar de choque.

Si en el vegetal un aminoácido tiene poca proporción es mejor aplicar un aminoácido de procedencia animal, que probablemente lo tengo en mayor proporción al ser muy distinto.

La aplicación de aminoácidos por vía foliar es interesante como estimulante en momentos críticos. Son absorbidos por la hoja y al vegetal.

Estamos condenados a leer etiquetas y saber interpretarlas. Señor agricultor, no tiene otro remedio y que se lo explique a personas muy preparadas en nutrición vegetal, que no hay tantas. Por ello en este libro estamos volcando nuestra experiencia y lo exponemos de forma sencilla y directa en lo que nuestra capacidad lo permite.

19. El plan de abonado: ideas claras y riguroso en su aplicación

En este trabajo al señalar de forma clara la recomendación de utilizar abonos en forma líquida, hacemos la receta en este tipo.

Pero en las comarcas y países que no haya productos líquidos, por consiguiente, se ha de preparar la solución madre, partiendo de los fertilizantes solubles que se disponga, evidentemente para ello, preparando con las unidades fertilizantes que especificamos en nuestra receta la solución madre que corresponda y haciendo pruebas previas en pequeña escala para observar que en la misma no se produzcan precipitados, en cuyo caso sería necesario preparar la misma en dos tanques para el producto incompatible hacerlo en disolución separada.

Se hace la recomendación base a una concreta esperada cosecha de aceituna de kilos por hectárea, y ya a partir de ahí pues si se espera por ejemplo el doble, pues evidentemente el doble de cantidad.

La dosis de cada mes se ha de fraccionar, por el número de riegos que estén previstos durante el mes, es importante que la alimentación sea así, y no añadir de una sola vez al mes, sino que siempre que se riegue lleve abono.

Foto 19.1. En olivos de riego, los métodos clásicos de aplicar los fertilizantes no son los más adecuados. Con una instalación de riego, es mucho más eficaz la aplicación de los nutrientes disueltos en el agua (fertirrigación).
Fuente: Cultivo del olivo con riego localizado. *Miguel Pastor.*

Cálculo de la dosis anual de abonado

Para calcular la dosis adecuada de abono hay que considerar la cantidad de nutrientes que estimamos consume el olivo anualmente y además la estimación de la proporción que realmente aprovecha, teniendo en cuenta la capacidad del suelo para inmovilizar nutrientes.

El olivo utiliza los nutrientes para:

- Producir cosecha
- Desarrollo de nuevos órganos vegetativos: raíces, hojas, tallos y brotes

- Crecimiento de órganos viejos permanentes: tronco y ramas

Las aportaciones de nutrientes por cada 1000 kilos de aceituna pueden diferir un poco según la bibliografía que se consulte, nosotros consideraremos:

- 15 kg de nitrógeno (N)
- 4 kg de fósforo (P_2O_5)
- 15 kg de potasio (K_2O)
- 20 kg de calcio (CaO)
- 3 kg de magnesio (MgO)

Si se estima una producción media de 50 kilos por olivo necesitamos por cada árbol:

- 0,75 kg de nitrógeno
- 0,20 kg de P_2O_5
- 0,75 kg de K_2O
- 1 kg de CaO
- 0,15 kg de MgO

Si la producción real finalmente es mayor, basta con hacer la corrección correspondiente.

Sobre estas cantidades indicadas, habría que establecer algunas correcciones debidas por un lado al bloqueo de nutrientes en suelos calizos y por otro lado al estado nutritivo del olivar en cuestión ya que, si inicialmente se detectan deficiencias, habría que aumentar la dosis recomendada anteriormente.

Del análisis del suelo, consideramos el contenido en arcilla y el del carbonato cálcico. La primera nos indicará el riesgo de lixiviación del nitrógeno y la capacidad de adsorción del potasio; mientras que el segundo nos dará una orientación sobre el bloqueo del fósforo.

Por tanto, las aportaciones iniciales estimadas, quedarían corregidas de la siguiente manera:

	Aportaciones (kg de nutriente/Tn producción)		
	Contenido de arcilla del suelo (%)		
	Menor que 10 %	20 %	Mayor que 40 %
N	17	15	13
K_2O	20	15	20

	Aportaciones (kg de nutriente/Tn producción)	
	Contenido de carbonato cálcico del suelo (%)	
	Menor que 20 %	Mayor que 40 %
P_2O_5	4	6

Además, en función de los análisis foliares o de savia, también proponemos correcciones a considerar.

Estado nutritivo de la plantación	Factor de corrección
Deficiente	1,2
Bajo	1,1
Adecuado	1,0
Alto	0,9

Si por ejemplo los análisis nos indican un estado deficiente, la dosis calculada en función de la capacidad productiva y del tipo de suelo, la multiplicamos por el factor de corrección 1,2 y nos dará la cantidad de fertilizante a aplicar ese año.

Las cantidades de nutrientes a aportar mensualmente por olivo a lo largo de la campaña de riegos no deben ser homogéneas, dependiendo del momento del ciclo vegetativo en que se encuentren los árboles.

El nitrógeno se debe aportar en mayor proporción en el periodo de Primavera-Verano (marzo-julio), época en la que se produce una mayor demanda de este nutriente como consecuencia del gran crecimiento vegetativo y del cuajado y crecimiento inicial del fruto, recomendándose reducir su dosis a partir del mes de agosto, tras el endurecimiento del hueso. Hay que tener en cuenta también que, a principio del ciclo, el olivo echa mano primero de sus reservas, aunque tenga disponible en el suelo.

El fósforo se podrá aportar en cantidades mensuales prácticamente iguales a lo largo de toda la campaña, teniendo en cuenta el escaso movimiento de este en el bulbo, lo que producirán mínimas pérdidas de este elemento nutritivo por lixiviación, aunque sí bloqueos, lo que aconseja el fraccionamiento.

El potasio se aportará en mayor proporción a partir del endurecimiento del hueso hasta el final del Verano y especialmente durante el Otoño, para así poder atender la gran demanda que supone la extracción de este nutriente por los frutos en esta época del año (efecto sumidero), demanda que puede dejar desabastecido el árbol al final del ciclo (necrosis en hojas y defoliación), que afectará al desarrollo vegetativo y productivo en la campaña siguiente, haciendo al árbol más sensible a ciertas enfermedades (repilo y vivillo).

Los porcentajes mensuales (% de nutriente) de reparto de la dosis anual de nutrientes son:

Mes	N	P_2O_5	K_2O
Marzo	5	12.5	5
Abril	5	12.5	5
Mayo	20	12.5	10
Junio	20	12.5	10
Julio	20	12.5	10
Agosto	10	12.5	20
Septiembre	10	12.5	20
Octubre	10	12.5	20

Pasos para seguir en la programación del abonado

Vamos a realizar un programa de abonado para un olivar tradicional de aceituna de almazara cuyos datos (ficticios) serían:
Marco de plantación 10 x 10 m, que resultan 100 olivos/ha
Capacidad productiva 50 kg/olivo, que serían 5.000 kg/ha

Volumen anual de agua de riego 1.500 m3/ha

Suelo arcilloso con alto contenido en carbonato cálcico

Bajos contenidos de N, P y K según el análisis foliar. Para Ca y Mg, valores adecuados.

Despreciamos en principio la cantidad de nutrientes que pueda aportar el agua de riego para no complicar el ejemplo y distraer la atención de la sistemática.

Aportaciones para realizar anualmente

- N = 13 kg/Tn (suelo arcilloso, suponemos > 40 %)
- P_2O_5 = 5 kg/Tn (alto contenido en carbonato cálcico, suponemos > 40 %)
- K_2O = 20 kg/Tn (arcilla > 40 %)
- CaO = 20 kg/Tn
- MgO = 3 kg/Tn

Factores de corrección en función del análisis foliar (o de savia):

- N, P y K bajos, factor de corrección = 1.2
- Ca y Mg adecuados, factor = 1.0

Las necesidades anuales para esta plantación serán:

Nutriente	Capacidad productiva (Tn/ha)	Extracción (kg/Tn)	Factor correc.	Cantidad para aportar (kg/ha)	Cantidad para aportar (kg/olivo)
N	5	13	1,1	71,5	0,715
P_2O_5	5	5	1,1	27,5	0,275
K_2O	5	20	1,1	110,0	1,100
CaO	5	20	1,0	100,0	1,000
MgO	5	3	1,0	15,0	0,150

Aportaciones para realizar mensualmente

Como ya indicamos anteriormente, propusimos una recomendación del reparto (% de nutriente), que si la aplicamos a la aportación anual ya calculada nos quedarían los siguientes datos por meses:

	% Mensual			Aportaciones mensuales kg/Ha		
Mes	N	P_2O_5	K_2O	N	P_2O_5	K_2O
Marzo	5	12.5	5	3,575	3,438	5,500
Abril	5	12.5	5	3,575	3,438	5,500
Mayo	20	12.5	10	14,300	3,438	11,000
Junio	20	12.5	10	14,300	3,438	11,000
Julio	20	12.5	10	14,300	3,438	11,000
Agosto	10	12.5	20	7,150	3,438	22,000
Sept.	10	12.5	20	7,150	3,438	22,000
Octubre	10	12.5	20	7,150	3,438	22,000
TOTAL	100	100	100	71,5	27,5	110

Para el calcio y el magnesio, así como el resto de los micronutrientes, no consideraremos aplicaciones en continuo, sino que haremos aplicaciones puntuales a lo largo del ciclo.

Una vez que ya sabemos la cantidad de nutriente a aplicar para cada mes, solo nos queda por saber la fórmula que mejor se adapta a nuestras necesidades. Primero calcularemos el equilibrio, es decir, la proporción entre los nutrientes y a partir de ahí, el fabricante nos ofrecerá la fórmula más concentrada que responda a ese equilibrio. En nuestro caso, hemos elegido como referencia el potasio para calcular el equilibrio, pero se podría haber considerado cualquier otro.

Mes	Aportaciones mensuales kg/Ha			Equilibrio			FÓRMULA PROPUESTA
	N	P2O5	K2O	N	P2O5	K2O	
Marzo	3,575	3,438	5,500	0,650	0,625	1,000	3.9+3.8+6
Abril	3,575	3,438	5,500	0,650	0,625	1,000	3.9+3.8+6
Mayo	14,300	3,438	11,000	1,300	0,313	1,000	10,4+2,5+8
Junio	14,300	3,438	11,000	1,300	0,313	1,000	10,4+2,5+8
Julio	14,300	3,438	11,000	1,300	0,313	1,000	10,4+2,5+8
Agosto	7,150	3,438	22,000	0,325	0,156	1,000	3,9+1,9+12
Septiembre	7,150	3,438	22,000	0,325	0,156	1,000	3,9+1,9+12
Octubre	7,150	3,438	22,000	0,325	0,156	1,000	3,9+1,9+12

Con los decimales, siempre tenemos polémica ya que podríamos preguntarnos, ¿qué diferencia hay entre aportar un 3.9 % de N o bien un 4 %? Pues en la práctica ninguna, agronómicamente es totalmente despreciable esta diferencia. Además, luego tenemos el error de la bomba inyectora que dosifique el fertilizante, así que las fórmulas propuestas, las podemos redondear a las siguientes fórmulas definitivas:

Mes	Fórmula comercial definitiva
Marzo	4+4+6
Abril	4+4+6
Mayo	10.5+2.5+8
Junio	10.5+2.5+8
Julio	10.5+2.5+8
Agosto	4+2+12
Septiembre	4+2+12
Octubre	4+2+12

Nos salen 3 productos distintos y entendemos que esto es razonable

¿Cuánto tenemos que aplicar de cada producto al mes y por hectárea?

Mes	N	P2O5	K2O	Cantidad producto final kg/ha	kg/ha N	kg/ha P2O5	kg/ha K2O
Marzo	4,000	4,000	6,000	91,7	3,7	3,7	5,5
Abril	4,000	4,000	6,000	91,7	3,7	3,7	5,5
Mayo	10,500	2,500	8,000	137,5	14,4	3,4	11,0
Junio	10,500	2,500	8,000	137,5	14,4	3,4	11,0
Julio	10,500	2,500	8,000	137,5	14,4	3,4	11,0

Mes	N	P2O5	K2O	Cantidad producto final kg/ha	kg/ha N	kg/ha P2O5	kg/ha K2O
Agosto	4,000	2,000	12,000	183,3	7,3	3,7	22,0
Septiembre	4,000	2,000	12,000	183,3	7,3	3,7	22,0
Octubre	4,000	2,000	12,000	183,3	7,3	3,7	22,0
TOTAL				1.145,8	72,6	28,6	110,0

Para marzo y abril aplicaríamos 91.7 kg/ha de la fórmula 4+4+6; en mayo, junio y julio continuaríamos con 137.5 kg/ha del 10.5+2.5+8; y a partir de agosto hasta fin de ciclo en octubre terminaríamos con 183.3 kg/Ha del 4+2+12.

Las pequeñas diferencias en las cantidades totales de nutrientes finalmente aportadas con respecto a las iniciales que calculamos se deben a la aproximación que hemos considerado de eliminar los decimales y redondear las cifras a media unidad. Totalmente despreciable.

Suponiendo que repartimos la concesión anual de agua de 1.500 m³/hectárea y año de manera proporcional en todos los meses del año, resultarían 187,5 m³/mes para los 8 meses que hemos supuesto que dura el fertirriego (esto después dependerá también de la pluviometría). Veamos por tanto cual sería la velocidad de inyección para cada fertilizante considerando su densidad.

Lo más usual es regar un día sí y otro no, así que tendríamos 15 días de riego al mes, es decir, 12.500 L/día y ha, o lo que es lo mismo 125 L/día y olivo (en nuestro ejemplo tenemos 100 olivos/ha). También es usual que cada olivo tenga 4 goteros de

4 L/h cada uno; con esto tendríamos 7,8 horas de riego al día. Si finalmente se regara todos los días, pues entonces tendríamos 3.9 horas de riego (todos los días).

Veamos la velocidad de inyección, es decir, el volumen de cada fertilizante a inyectar por cada 1000 L de agua de riego.

MES	PRODUCTO	Kg/Ha	Densidad (g/cc)	L/Ha	Veloc. Inyecc (L fert./1000 L agua)
Marzo	4+4+6	91,7	1,15	79,7	0,43
Abril	4+4+6	91,7	1,15	79,7	0,43
Mayo	10.5+2.5+8	137,5	1,21	113,6	0,61
Junio	10.5+2.5+8	137,5	1,21	113,6	0,61
Julio	10.5+2.5+8	137,5	1,21	113,6	0,61
Agosto	4+2+12	183,3	1,19	154,0	0,82
Septiembre	4+2+12	183,3	1,19	154,0	0,82
Octubre	4+2+12	183,3	1,19	154,0	0,82
TOTAL		1.145,8		962,2	

Si estamos por ejemplo en marzo, regaríamos un día sí y otro no durante 7,8 horas al día y pondríamos la bomba inyectora a aplicar 0,43 litros del fertilizante 4+4+6 por cada 1.000 litros de agua de riego. Esto durante todas las horas del riego.

Todos estos cálculos son para la hipótesis de 100 olivos/Ha y una producción de 50 kg/olivo. Para otros datos, bastaría aplicar la proporción correspondiente y rehacer los cálculos.

Calcio, magnesio y microelementos

Para el calcio y el magnesio es muy importante tener un análisis del agua de riego y ver la cantidad de estos nutrientes que el agua aportaría ya que en la mayoría de los casos es elevada y hace que no sea necesario aportarlos en el abonado.

Si una vez calculada la cantidad que aporta el agua, aun así, necesitamos hacer un aporte extra, lo haremos en forma de nitrato de calcio (8-0-0-16 CaO) y nitrato de magnesio (7-0-0-9 MgO). Una buena solución sería 2 riegos al mes con una mezcla de nitrato cálcico y nitrato de magnesio que tendría 7.5 % de N, 8 % de CaO y 4.5 % de MgO producto terminado comprado con esta riqueza. Ajustar la cantidad (nº de riegos) en función del aporte extra que debamos hacer. Puede suceder que no tengamos que aportar calcio pero sí magnesio, en ese caso solo aplicaríamos el nitrato de magnesio líquido.

En el caso que tengamos agua con salinidad elevada y que esta se deba fundamentalmente al cloruro sódico, lo más probable es que el aporte de calcio haya que hacerlo de manera continua, de manera que la fórmula comercial a aplicar sería un NPK más calcio. El calcio desplaza al sodio del suelo y evita que este se acumule provocando compactación. Además, aportaremos una pequeña ración extra de nitrógeno en forma de nitratos para que desplacen a los cloruros.

Los nitratos y los cloruros son muy parecidos en tamaño y ambos tienen una carga negativa; en igualdad de concentraciones, el olivo tiende a tomar cloruros en lugar de nitratos. Esta información nos la irá aportando los análisis, bien foliares o mejor aún los de savia.

La cantidad de nitrógeno que se aporta con el nitrato cálcico y el nitrato magnésico, hay que descontarla de la cantidad total de nitrógeno a suministrar.

Para los microelementos, ya hemos dicho que lo mejor es aplicar un cóctel de todos ellos, teniendo en cuenta de mezclar el hierro por separado en forma de quelato. También recomendamos 2 riegos al mes con este cóctel de manera que a la salida por el gotero tengamos una concentración de 1 ppm (1 mg/l) para Boro (B), Hierro (Fe) y Manganeso (Mn), y de 0.05 ppm para Molibdeno (Mo) y Cinc (Zn). Conclusiones de un proyecto de investigación llevado a cabo bajo la dirección de Miguel Pastor y la colaboración del profesor Carlos Cadahía.

Regulación de pH

Es muy importante que el pH a la salida del gotero sea 6.5 o lo más próximo a esta cifra. Es el pH en el que la mayoría de los nutrientes están disponibles en el bulbo para el olivo.

En los fertilizantes líquidos, el fósforo se aporta en forma de ácido fosfórico que hace que el producto final ya tenga una determinada acidez, normalmente menor que 2. Pero cuando se diluye el producto en agua, dependiendo del contenido en bicarbonatos de esta, el pH final en la mayoría de los casos es superior a 6.5. Por esto es necesaria una corrección de pH inyectando en un segundo punto de inyección algún producto que nos baje el pH hasta el valor deseado.

Para rebajar el pH, normalmente se viene usando el ácido nítrico, que es un ácido muy fuerte y con pequeñas cantidades conseguimos una bajada de pH importante. Esta inyección hay que hacerla con una bomba reguladora de pH (distinta de la bomba inyectora del abono), la cual tiene un electrodo para medir el pH antes de la inyección y otro que se coloca después de la inyección; en función de la diferencia entre ambos valores, la bomba inyecta más o menos ácido. Hay que saber la cantidad de ácido nítrico que se inyecta para poder calcular el nitrógeno que se aporta con el ácido y descontarlo de la cantidad total de nitrógeno a aportar.

En otras ocasiones, también se emplea el ácido sulfúrico. Este, el nutriente que aporta es el azufre (S) que en suelos calizos viene bien.

Particularmente a nosotros, los reguladores de pH que más nos gustan son los ácidos orgánicos (ácidos carboxílicos). Son ácidos más débiles que el fosfórico, nítrico y sulfúrico, pero aportan materia orgánica, lo cual hace que a la larga se mejore la textura del suelo y además tienen poder complejante haciendo que no se queden inmovilizados los nutrientes en el suelo.

20. Instalación ideal

A modo de resumen, vamos a repasar todos los equipos que hemos ido nombrando a lo largo de los distintos capítulos, un recopilatorio de lo que para nosotros debería tener una instalación ideal de fertirrigación.

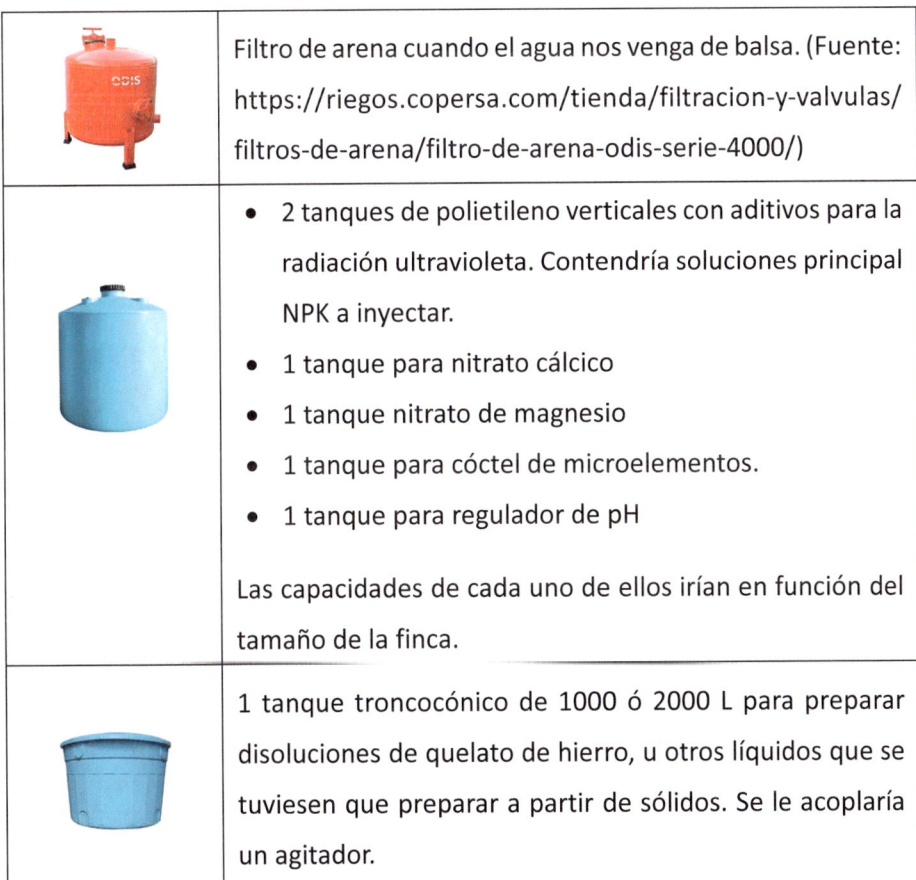

	Filtro de arena cuando el agua nos venga de balsa. (Fuente: https://riegos.copersa.com/tienda/filtracion-y-valvulas/filtros-de-arena/filtro-de-arena-odis-serie-4000/)
	• 2 tanques de polietileno verticales con aditivos para la radiación ultravioleta. Contendría soluciones principal NPK a inyectar. • 1 tanque para nitrato cálcico • 1 tanque nitrato de magnesio • 1 tanque para cóctel de microelementos. • 1 tanque para regulador de pH Las capacidades de cada uno de ellos irían en función del tamaño de la finca.
	1 tanque troncocónico de 1000 ó 2000 L para preparar disoluciones de quelato de hierro, u otros líquidos que se tuviesen que preparar a partir de sólidos. Se le acoplaría un agitador.

	Agitador de turbina. Pueden ir alimentados a 12 V en corriente continua por si tenemos instalación de placas solares.
	Medidor de caudal electromagnético.
	Bomba dosificadora con funciones avanzadas de control para automatizar la dosificación. Permite inyección del producto proporcional a un caudal de agua.
	Bomba dosificadora con microprocesador que permite el control de pH
	Válvulas motorizadas construidas en polipropileno reforzado con fibra de vidrio, teflón (PTFE), vitón (FKM) y acero inoxidable.
	Controlador de riego y fertirrigación que permite una monitorización y control remoto. Permite un control simultaneo de la proporcionalidad, la conductividad eléctrica y el pH

| 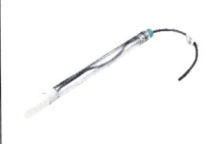 | Sondas de succión para extraer muestras de la solución del suelo. |

Todas las imágenes de los equipos que no se haya indicado la fuente han sido cedidas por FERTINOVA.

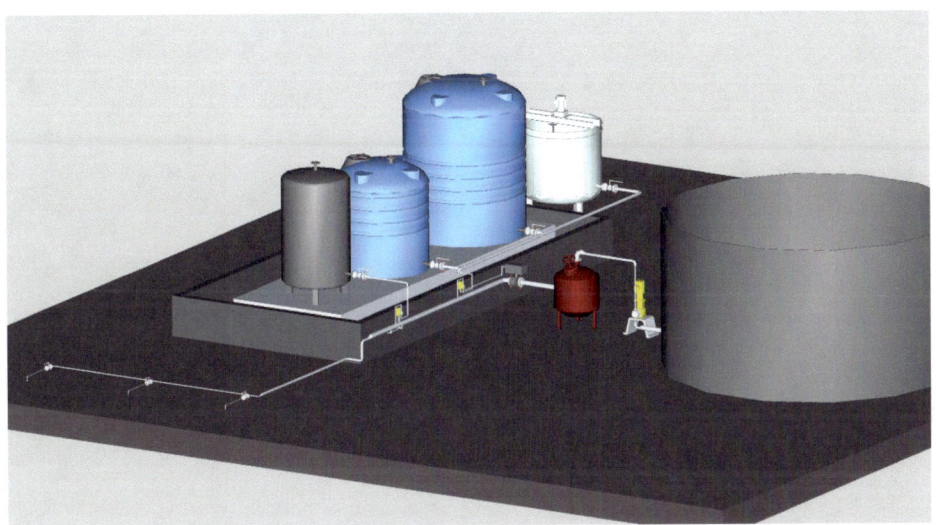

21. Para concluir y como reflexión final: dejémonos de historias y de «yo creo que...». El olivar hablará contigo

Recuerdo, (comenta J. L. Sánchez-Garrido) cuando joven en 1970, donde estuve varios meses en Jaén haciendo estudios agrícolas, realmente el olivo era un cultivo olvidado; la falta de rentabilidad hacía que no se abonase nada y todo era de secano prácticamente, la situación económica del agricultor más que mala, y si no los arrancaba es porque por un lado no sabía que poner en su sustitución ni tampoco tenía dinero para cambios. Ya en Sevilla, había habido mucho arranque masivo de olivar en alta medida para sustituirlo por trigo. Se trataba de sobrevivir hasta que cambiasen los tiempos.

- La terrible sequia del 92 hizo que se instalara bastante riego por goteo, lo cual era pues reciente en España, otras sequias posteriores hicieron que se aumentara la superficie. Si bien en alta medida, las instalaciones de riego son «chapuzas», para con poco dinero haber acometido ello y que requieren una renovación y actualización en muchos casos.
- Tenemos un grave problema con el agua, cuya solución corresponde a la Administración y donde hay muchísimo que avanzar y que en Andalucía es un problema enorme al tener clima africano.
- Y sin duda, una asignatura importante pendiente en el olivar de riego, que es hablar de riego por goteo, es una

correcta fertilización. Es un tema que, salvo alguna excepción, no se ha abordado todavía con la rigurosidad adecuada. No por desidia, sino porque los tiempos así han venido y ha habido que afrontar retos muy diversos.

— Hay malas informaciones, mil teorías, falta de formación por los formadores y un desconocimiento brutal de la fertirrigación, es decir, el abono mezclado con el agua de riego, y que es una ventaja más que importante de los riegos por goteo, y se produce la paradoja, que muchos piensan que no es así, y sigue aplicando solido entre las calles, «porque creen que es mejor».

— En este más que importante capítulo, los autores de este libro tenemos una más que amplia experiencia, al estar dedicados entre los dos pues próximos al siglo de trabajo en este campo. Por si la experiencia tiene un valor, cosa que ya en los tiempos actuales se duda del valor de la experiencia.

— A la hora de dar por terminado el libro, nos queda la impresión de haber alcanzado el objetivo que nos proponíamos.

— Hemos procurado, tener un lenguaje sencillo y asequible para que sea entendido por todos y hacer una recomendación concreta. Pero si el lector ha podido sacar algunos puntos claros, tanto en lo que no debe hacer nunca, como en lo que debe hacer para plantearse el abonado de su plantación, abandonando los tópicos ancestrales, habremos abierto una vía para conseguir unas cotas de productividad que a ellos mismos les sorprenderán.

— En este mundo nuestro tendente a la racionalidad, aunque

lleno de irracionalidades, donde las opiniones, los modos de trabajo, unos convergentes y otros divergentes, donde abunda el individualismo que a nada conduce, aunque los que lo practican piensen que pueden llegar a todo, donde todo es verdad y todo es mentira, donde todo es cambiante, donde la agricultura se politiza, donde hay productores que piensan que el olivar ha de comportarse como ellos, olvidando los muchos siglos que el olivo lleva sobre la tierra soportando frío, calor, sequía y tierras esquilmadas; olvidan también que en el cultivo del olivo, como en cualquier ciencia, existen unos principios básicos, perfectamente contrastados en la actualidad que hemos de tener en cuenta. Principios que hemos tratado de repetir hasta la saciedad conscientes de que la repetición es lo único eficaz en la vida, es el fundamento obligado de la ciencia; pues decía Shalámov que lo que hay de irrepetible en la muerte no lo buscan los médicos, sino los poetas; y en el cultivo del olivar hemos de dejar la poesía y sustituirla por la ciencia de este cultivo milenario.

— La fertirrigación nos enseña que disponemos de un camino, científico, suficientemente contrastado, para alcanzar los objetivos de todo productor de aceituna. No es perfecto, pero es el mejor que la ciencia agrícola nos puede ofrecer, en la actualidad.

— Acerquémonos a él con ilusión, pues como decía Balzac «lo mejor de la vida son las ilusiones de la vida», y con toda nuestra confianza a una ciencia sobradamente medida y aquilatada.

— Entendemos que el sufrido agricultor olivarero, ha tenido las consecuencias a sus espaldas de mil avatares, entre ellos muchas veces de ver el futuro sin esperanza, ante una total falta de rentabilidad y difícil subsistencia.

— Confiemos en la tecnología moderna de la nutrición del olivo en riego por goteo, en la que, en España, y sobre todo en nuestra Andalucía hemos de ser líderes.

— Tenemos un cultivo milenario que lleva del orden de 6.000 años su cultivo y que ha sufrido a lo largo de los siglos muchísimos avatares de su larga historia.

— Hoy día todo ha cambiado, el olivo se ve con otra perspectiva diferente y más esperanzadora que no hace tantos años.

— La mecanización del olivar ha efectuado un tremendo cambio en el cultivo, la puesta en riego por goteo, en los sitios donde ha sido posible ha supuesto un avance insospechado hace pocos años. Esto sin mencionar los avances tremendos en el cultivo intensivo y superintensivo. Estamos en pleno proceso de una «revolución del olivar», entendiendo por la misma una evolución muy rápida.

— En este libro sólo nos referimos al olivar de riego por goteo y dentro del mismo al abonado que es un caos total y absoluto ahora eclipsado más aún por la tremenda falta de agua.

— Pensamos que estamos en los albores de una innovación gigante en la nutrición del olivo y este libro espera contribuir a este dinámico cambio, con los modernos productos y tecnologías actuales.

— Todos los conocimientos actuales, vienen a concluir que evidentemente la ración nutritiva debe ser aportada para un mayor rendimiento productivo de calidad y mezclado con el agua de riego donde se puede aportar los requerimientos que permita mayor eficacia alcanzando una adecuada fertilización, un aumento de la productividad y calidad de las aceituna y aceite haciendo muy rentable el gasto de abonado correcto.

— En este tratado, se pretende establecer unas líneas claras, argumentadas y sencillas, para ello.

— Para progresar es necesario invertir, teniendo claro que la inversión se pueda pagar, aun en el supuesto de que por las causas que sean no salga bien.

— Para invertir es necesario definir la inversión con la mayor precisión mediante presupuestos, el importe de esta, y no hacer conjeturas diciendo «mucho», «poco» y generalidades sin sentido y estudiar muy a fondo que hemos de hacer para procurar no equivocarnos.

— Igualmente es necesario para invertir, ver la disminución de costos, los aumentos productivos, <u>nuestro objetivo es duplicar las producciones,</u> los caracteres diferenciales, y tener todo claro y estudiado, lo cual requiere tiempo de trabajo y escribir y fijar sobre el papel los datos. La memoria es olvidadiza, salvo para privilegiados y tampoco.

En definitiva, el problema no es que no haya problemas, el problema es pensar que tener problemas es un problema.

- HAGA ANTES DE NADA EL PRESUPUESTO DE ABONADO. NO EMPIECE HACIENDO EL RECORTE DE LA RECOMENDACIÓN YA DE ENTRADA.
- CUANDO LO TENGA, REVISELO POR SI HAY ERRORES, ESTUDIE LOS PROS Y CONTRAS CON DETENIMIENTO, SIN LLEGAR A CONCLUSIONES.
- SR. AGRICULTOR, USTED ES UN EMPRESARIO, CUANDO TENGA LOS NUMEROS SOBRE LA MESA, LA COSECHA ESPERADA Y SUS NUMEROS DE RENTABILIDAD, Y NO ANTES, DECIDA SI ALIMENTAR BIEN EL CULTIVO, O HACER LO QUE A USTED LE PAREZCA PENSANDO USTED QUE ESTÁ BIEN, AUNQUE NO SEA ASÍ. DIVIDA EL PRESUPUESTO DE KILOS Y CANTIDADES RECOMENDADAS ENTRE NUMERO DE HECTÁREAS Y VEA, NO ANTES, EL COSTO POR OLIVO POR HECTÁREA, Y NADA DE ELUCUBRACIONES, SOLO NÚMEROS, AL FINAL CON LOS NÚMEROS YA DECIDEN.

¡Háganos caso! Si no nos hace caso, qué es lo más probable, pues continúe como Usted quiera. Nosotros lo que sí hemos querido es al menos escribir lo que hemos aprendido, ya con ello nos sentimos satisfechos y tranquilos.

Muchas gracias por su paciencia.

22. Bibliografía

Carlos Cadahía. Ediciones Mundi-Prensa. *La savia como índice de fertilización. Cultivos agroenergéticos, hortícolas, frutales y ornamentales* (2008).

Carlos Cadahía *López. Ediciones Mundi-Prensa. Fertirrigación. Cultivos hortícolas y ornamentales (2000).*

Faustino de Andrés Cantero (1997). Riquelme y Vargas Ediciones. *Enfermedades y plagas del olivo*, 3ª edición corregida y ampliada.

Federico Moldenhauer-Gómez, José Luis Sánchez-Garrido y Reyes Ediciones Osuna. *El olivo pródigo hasta morir (olea prima omnium arborum est).* Armilla, 2004.

José Luis Sánchez-Garrido y Reyes, Pablo Ramos Pedregosa. ExLibric, 2022. *Abonado disruptivo del olivar de secano.*

Juan Llona, F Moldenhauer-Gómez, Pablo Ramos, José Luis Sánchez-Garrido y otros. Talleres Gráficos de Albolote (Granada). *El olivo, un árbol para la historia. Aproximación a su riego y fertilización y otros Comentarios (1999).*

Miguel Pastor, J. Castro, J. Hidalgo. Vida Rural nº 42-15/05/2001. *Corrección de clorosis férrica en olivar en zonas afectadas.* Miguel Pastor, J. Castro, J. Hidalgo. Vida Rural nº 42-15/05/2001.

Miguel Pastor, J. Hidalgo. Vida Rural nº 46-01/02/2002. *Fertilización y corrección de deficiencias nutritivas en olivar.*

Miguel Pastor. Ediciones Mundi-Prensa. *Cultivo del olivo con riego localizado* (2005).

Ministerio de Medio Ambiente y Medio rural y Marino. 2010. *Guía práctica de la fertilización racional de los cultivos en España.*

Moya Talens, J. A. Ediciones Mundi-Prensa. *Riego localizado y fertilización.* Madrid, 1994.

Parra M. A., Fernandez Escobar, Navarro C, Arquero O. Junta Andalucía. Ediciones Mundi-Prensa. *Los suelos y la fertilización del olivar cultivado en zonas calcáreas* (2000).

Suelo, riego, nutrición y medio ambiente en el olivar / [autores: Francisco García Zamora... et. al.]. Consejería de Agricultura y Pesca, Servicio de Publicaciones y Divulgación, 2010. —190 p.: il. col.; 30 cm.— (Agricultura. Formación).

Programación de riegos en olivar. Consejería de Agricultura y Pesca. Autores: M. Pastor, J. Hidalgo, V. Vega, J. Girona, L. Soria, F. Orgaz, E. Fernández, M. Fernández y J. Rojo.

23. Otros libros escritos por José Luis Sánchez-Garrido y Reyes (aprovechando para hacer publicidad)

1. *El olivo, prodigio hasta morir*. Año 2004. Ediciones Osuna (Granada). Escrito junto a Federico Moldenhauer (de este libro estimo que se han efectuado un total de 6000 ejemplares).

2. *La verdadera verdad del abonado del olivo en riego por goteo*. Año 2005. Ediciones Osuna. Escrito junto a Federico Moldenhauer. Está en internet y ha tenido más de 60 000 visitas. Su uso es habitual en cursos de formación.

3. *Antequera, recuerdos del ayer*. Año 2005. Ediciones Osuna. En total, 1000 ejemplares. Con la colaboración de Federico Moldenhauer. Se puede leer en internet en mi blog.

4. *Aparte de soñar nos queda el mundo*. Año 2005. Impreso por Talleres AGM, Arroyo de la Miel (Málaga), bajo el cuidado de Mavi León (libro de poesías). Junto a Carmen Requena.

5. *Antequera, otra vez*. Año 2008. Publicado por el Ayuntamiento de Antequera.

6. *Herogra, empresa centenaria*. Año 2016. Con el que se celebraba el primer centenario de la empresa, donde el autor

era gerente y coordinador general del grupo. Libro de regalo a clientes.

7. *Estrategias de ventas en el sector fertilizantes*. Año 2018. Editorial Osuna. Es un libro de referencia en el sector.

NOTA: Los libros reseñados hasta aquí están actualmente agotados; los que siguen son todos editados por la misma editorial en Antequera y no se agotan porque se editan de forma continua a demanda. Se pueden pedir a librerías de Antequera, a la propia editorial o bien a plataformas como Amazon, Casa del Libro y Agapea.

Las portadas de los libros, a partir del 9 incluido —salvo el 20 y 21—, han sido confeccionadas por Efecto 3D (Alcalá de Guadaira), empresa de mi hijo José Luis Sánchez-Garrido García.

8. *Callejeando por Antequera*. ExLibric, junio 2020. Presentado en Antequera, calle Merecillas 28, en noviembre de 2020.

9. *La conquista de la Antequera musulmana*. ExLibric, 2020.

10. *Barbate, Barbate*. ExLibric, 2020. Presentado en Barbate, en Recinto Cultural El Matadero, el 20 de agosto de 2021 (demorado antes por la pandemia).

11. *Historias y leyendas de mi Antequera*. ExLibric, 2020.

12. *Mis lamentables y tristes poemas*. ExLibric, 2020.

13. *Yo no vendo, me compran*. ExLibric, 2020.

14. *El gerente, un puesto no recomendable*. ExLibric, 2020.

15. *Las últimas mantas de Antequera*. En colaboración con Manuel Salazar Cobos. ExLibric, 2020.

16. *Antequera, Venecia, Barbate*. ExLibric, 2021. Historia real con toques de humor de unas vacaciones.

17. *Antequera Santa*. ExLibric, 2021.

18. *Fermín Requena. Poeta de la historia*. ExLibric, 2022.

19. *Antequera napoleónica*. ExLibric, 2022.

20. *Abonado disruptivo del olivar de secano* (coautor: Pablo Ramos Pedregosa). ExLibric, 2022.

21. *El desolador cierre y abandono de la iglesia y convento de Madre de Dios en Antequera*. ExLibric, 2023.

22. *Plan andaluz del agua*. ExLibric, 2023.

23. *Antequera romana*. ExLibric, 2023.

24. *Antequera árabe*. ExLibric, 2024.

25. *Inquietante futuro de la Andalucía agrícola. ¿Hay espe-ranza?* ExLibric, 2024.

26. *Cuentos y relatos de mi Antequera.* ExLibric, 2025.

27. *Antequera, otra vez* (segunda edición). ExLibric, 2025.

Sobre los autores

José Luis Sánchez Garrido y Reyes

Antequerano de nacimiento (1944) y de corazón, estudió para Ingeniero Técnico Agrícola en Sevilla, obteniendo el número uno de su promoción. Entró como becario en Esso Amoniaco Español. A los 31 años, fue nombrado Jefe de la División de Abonos Líquidos y Productos Especiales de S. A. Cros para toda España.

Fue pionero y promotor de los abonos complejos líquidos en nuestro país, y de su aplicación en riego por goteo, donde investigó y desarrolló los mismos y su divulgación por todo el país. Es considerado «el padre de los abonos líquidos en España» y es reconocido a nivel internacional.

Ha recibido numerosas visitas y comisiones de otros países interesándose en el tema, donde España ocupa un lugar destacadísimo a nivel internacional.

Ha viajado por todo el territorio nacional, así como por muchos países fuera de nuestras fronteras, fundamentalmente por Estados Unidos, Francia e Italia, alcanzando un gran bagaje técnico en sus más de 50 años de experiencia en fertilizantes.

Durante casi 25 años ha sido Gerente de GRUPO HEROGRA, corporación absolutamente implicada en desarrollos tecnológicos y una de las más importantes del sector a nivel nacional. Ha diseñado fábricas de fertilizantes y dirigido su construcción, ha puesto en circulación multitud de nuevos productos y ha dirigido la fabricación de maquinaria de abonos líquidos totalmente novedosa.

Ya jubilado, se dedica totalmente a su actividad de escritor. Ha publicado un total 19 libros de temas técnicos, así como de su tierra, Antequera, donde reside en la actualidad y que siempre ha añorado.

Tiene la Medalla de Oro del Sindicato Español de Escritores. En 2007 se le concedió «El Efebo de Antequera», y posteriormente el Ayuntamiento de Albolote le brindó un reconocimiento institucional por su trayectoria.

Su mayor logro y alegría, dice, es tener una familia maravillosa.

Pablo Ramos Pedregosa

Pablo Ramos Pedregosa (Alomartes, 1970) nació en el seno de una familia de olivicultores y, desde siempre, este cultivo ha formado parte de su vida. Al no haber en Granada ningún estudio relacionado con el campo, decidió estudiar Química, obteniendo la licenciatura en Ciencias Químicas (promoción 1988-1993) por la Universidad de Granada. Posteriormente también hizo un máster en Ciencias y Tecnologías del Medio Ambiente.

Sus estudios universitarios y su experiencia propia en la agricultura le ayudaron a conseguir un empleo en GRUPO HEROGRA, en el que ha permanecido hasta el día de hoy, cambiando entre empresas del mismo grupo y ocupándose de distintas áreas. Comenzó de laborante en el laboratorio y poco a poco fue promocionando a otros departamentos. Responsable de I+D de HEROGRA durante varios años, participó en el equipo de montaje de varias plantas de fabricación de fertilizantes en distintas localizaciones y también diseñó la base de datos de fórmulas de productos.

En la actualidad es el Responsable de Calidad, Medio Ambiente y Energía de este grupo empresarial con instalaciones en diferentes puntos de la geografía española.

Asimismo, es inventor de 22 patentes a nivel nacional sobre productos fertilizantes. También es autor en revistas especializadas de varias publicaciones relacionadas con la fertilización, así como con temas específicos de calidad y medio ambiente, y coautor de los libros *El olivo, un árbol para la historia, aproximación a su riego y fertilización y otros comentarios* (1999) y *Abonado disruptivo del olivar de secano* (2022).